普通高等院校“十三五”规划实验教材

基础电子技术实验教程

主　编　黄　靓

副主编　罗海峰　龙　芸　王　娅

蒋　谦　王怀兴

华中科技大学出版社

中国·武汉

内 容 简 介

本书主要由四部分组成：第一部分电工电路技术实验，第二部分模拟电子技术实验，第三部分数字电子技术实验，第四部分信号与系统实验。本书实验注重实验理论与方法，而不拘泥于具体的实验设备或实验仪器，具有较强的通用性。

本书可以作为电子类、光电技术类、自动化类、机械电子类、电气自动化类、通信工程类、物理电子类、计算机类专业的基础实验教材或者实验教学参考书。

图书在版编目(CIP)数据

基础电子技术实验教程/黄靓主编. —武汉：华中科技大学出版社，2018.12（2024.12 重印）
普通高等院校“十三五”规划实验教材
ISBN 978-7-5680-4823-1

Ⅰ.①基… Ⅱ.①黄… Ⅲ.①电子技术-实验-高等学校-教材 Ⅳ.①TN-33

中国版本图书馆 CIP 数据核字(2018)第 285182 号

基础电子技术实验教程
Jichu Dianzi Jishu Shiyan Jiaocheng

黄　靓　主编

策划编辑：汪　富
责任编辑：程　青
封面设计：刘　卉
责任校对：刘　竣
责任监印：周治超
出版发行：华中科技大学出版社（中国・武汉）　　电话：(027)81321913
　　　　　武汉市东湖新技术开发区华工科技园　　邮编：430223
录　　排：武汉楚海文化传播有限公司
印　　刷：武汉邮科印务有限公司
开　　本：787mm×1092mm　1/16
印　　张：6
字　　数：148 千字
版　　次：2024 年 12 月第 1 版第 2 次印刷
定　　价：29.00 元

本书若有印装质量问题，请向出版社营销中心调换
全国免费服务热线：400-6679-118　竭诚为您服务
版权所有　侵权必究

普通高等院校“十三五”规划实验教材

编审委员会

（排名不分先后）

主　任　肖　明

副主任　戴　伟　罗　毅　王　筠　吴建兵　肖　飞　姚桂玲

委　员　谭　华　罗海峰　王怀兴　李　莎　肖　旸　伍家梅　李　杰　肖龙胜　胡　森　胡凡建　陶表达

编写委员会

（排名不分先后）

范锡龙　刘　明　邓永菊　皮春梅　王世芳　操小凤

来小禹　陈国英　谈伟伟　李志浩　冯国强　郑秋莎

刘　勇　刘　丹　童爱红　吉紫娟　艾　敏　王　茁

刘姜涛　徐　辉　李　丹　肖正安　王　娅　龙　芸

王　骐　王青萍　肖鹏程　罗春娅　刘金波　黄　靓

陈木青　汪川惠　靳海芹　祁红艳　李　睿　陈欣琦

陶军辉　王志民　王秋珍　孙　筠　张　庆　谭永丽

熊　伟　徐小俊　林柏林　彭玉成　曹秀英　李建明

前　言

通过实验过程培养学生实验技能，提高学生分析问题和解决问题的能力、科学实验和研究能力，是高等院校进行实践教学的主要内容和重要目的。

本书是针对并配合电子信息科学与技术、光电信息科学与工程、机械电子工程、电子信息工程技术等相关专业的专业基础课程的理论教学过程，以课程理论知识为基础，以服务课程教学、加深对理论知识的理解与掌握为原则，以培养与提高学生动手实践能力、实验研究能力为目的而编写的。根据相关专业的发展趋势、依据教学大纲、紧跟相关专业的发展动向编写本书内容，尽量体现最新的实践教学方法与理念，在章节安排上将验证性和综合设计性实验结合起来，具有较强的通用性与可延用性。

全书共有四个部分，包括电工电路技术实验、模拟电子技术实验、数字电子技术实验、信号与系统实验。其中龙芸、王娅老师主要负责电工电路技术实验部分的编写；黄靓老师负责模拟电子技术实验部分的编写；蒋谦老师负责数字电子技术实验部分的编写；王怀兴老师负责信号与系统实验部分的编写。黄靓老师负责全书的统稿及协调工作，罗海峰老师负责全书各实验原理、框图、实验记录表格的编辑审校。

在本书的编写过程中，我们参考了许多其他相关教材与文献资料，在此向相关编写人员表示感谢。由于时间仓促、水平有限，书中难免会有不足之处，敬请广大读者批评指正。

编　者

2018 年 7 月于湖北第二师范学院

目　　录

第一部分

电工电路技术实验

“电工电路技术实验”是一门与《电工技术与电路分析》教材配套的实验课程，其目的是巩固和加深学生对电路理论基本概念和基本规律的理解，掌握电路的基本分析方法和实验技术，培养学生实验动手能力，为后续实践课程学习和就业打下良好的基础。通过本实验课程，要求学生达到以下目标：

(1)熟练掌握常规电子仪器与电子设备的使用方法；

(2)学会按电路原理图进行元器件的连接；

(3)了解各种电子元器件的特征和性质；

(4)培养学生的基本实验技能，比如正确使用常用的电工仪器、仪表和电子仪器，掌握一些基本的电路测试技术、实验方法以及数据分析处理知识；

(5)培养实事求是的精神，养成严谨、认真的科学实验态度，形成克服困难、坚韧不拔的工作作风以及培养科学、良好的实验素质和习惯。

实验一　电子元器件伏安特性的测试

一、实验目的

(1)学会识别常用电子元器件。

(2)掌握线性、非线性电子元器件的伏安特性。

(3)掌握绘制线性、非线性电子元器件伏安特性曲线的方法。

(4)熟悉实验装置上仪表和设备的使用方法。

二、实验原理

1. 伏安特性曲线

在电路中，电子元器件的特性一般用该元器件上的电压 U 与通过该元器件的电流 I 之间的函数关系 $U=f(I)$ 来表示，这种函数关系称为该元器件的伏安特性，有时也称为外部特性。通常以电压 U 作为横坐标，电流 I 作为纵坐标绘成元器件的电流-电压关系曲线，这种曲线就称为伏安特性曲线或外特性曲线。

如果元器件的伏安特性曲线是一条通过原点的直线，说明元器件两端的电压与通过元器件的电流成正比，电压、电流的关系为线性关系，则称该元器件为线性元器件(如碳膜电阻)；如果元器件的伏安特性曲线不是通过原点的直线，则称该元器件为非线性元器件(如晶体二极管、三极管等)。

本实验通过实验测量绘制线性电阻、一般半导体二极管及稳压二极管的伏安特性曲线，了解线性、非线性电子元器件的伏安特性。

2. 线性电阻的伏安特性曲线

线性电阻的伏安特性曲线是一条通过原点的直线，该直线斜率的倒数等于该电阻的数值，如图 1-1-1 所示。

3. 非线性元器件的伏安特性曲线

一般的半导体二极管是非线性元器件，其伏安特性曲线如图 1-1-2(a)所示。该元器件正向压降很小(一般的锗管压降为 0.2～0.3 V，硅管为 0.5～0.7 V)，正向电流随正向压降的升高而急剧上升，而反向电压从零一直增加到十几伏至几十伏时，其反向电流增加很小，可粗略地视为零。可见，半导体二极管具有单向导电性，如果反向电压过高，超过半导体二极管的极限值，则会导致半导体二极管击穿损坏。

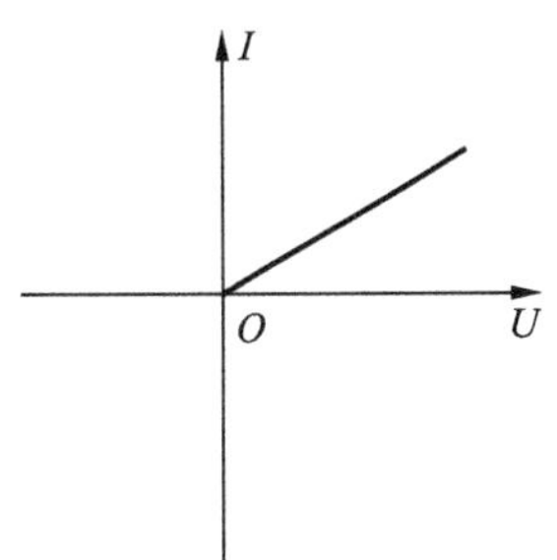

图 1-1-1　线性电阻的伏安特性曲线

稳压二极管是非线性元器件，其正向伏安特性类似普通二极管的，但其反向伏安特性则较特别。在反向电压开始增加时，其反向电流几乎为零，但当电压增加到某一数值（一般称为稳定电压）时反向电流突然增加，以后它的端电压维持恒定，不再随外电压升高而增加，如图 1-1-2(b)所示。稳压二极管由于这种特性在电子设备中有着广泛的应用。

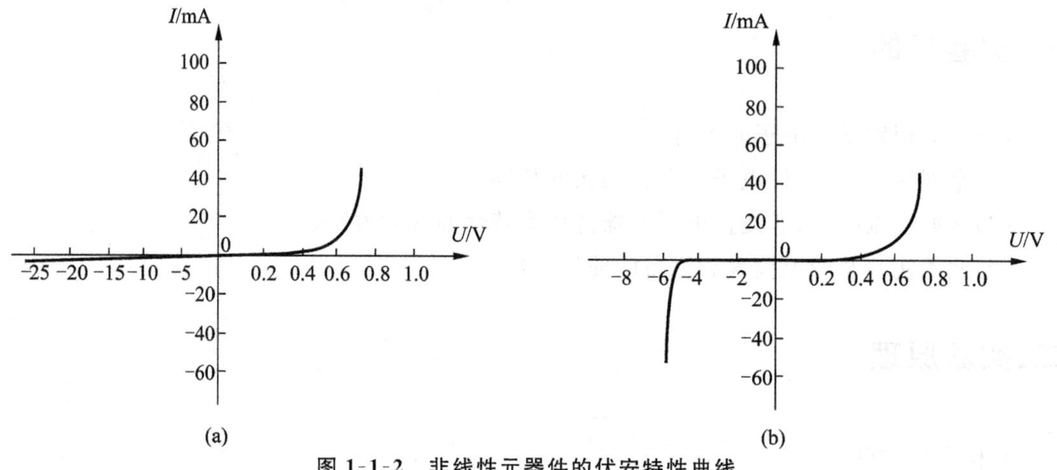

图 1-1-2 非线性元器件的伏安特性曲线

(a)半导体二极管的伏安特性曲线；(b)稳压二极管的伏安特性曲线

三、实验设备与器件

(1)电路原理实验箱或面包板 1 套；

(2)数字万用表 1 块；

(3)线性元器件、非线性元器件若干；

(4)可调直流稳压电源 1 台。

四、实验内容

1. 测定线性电阻的伏安特性

按图 1-1-3 接线，调节直流稳压电源的输出电压 U，使其从 0 V 开始缓慢地增加，一直增加到 10 V，在表 1-1-1 中记下相应的电压表和电流表的读数。

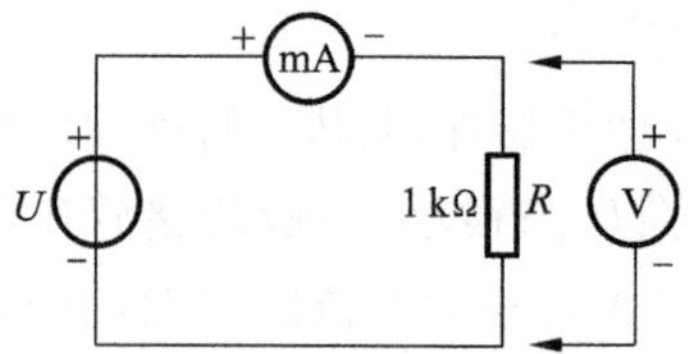

图 1-1-3 测定线性电阻的伏安特性实验图

表 1-1-1　线性电阻特性实验数据

参数	测　量　值								
U/V									
I/mA									

2. 测定半导体二极管 IN4007 的伏安特性

按图 1-1-4 接线，R 为限流电阻，测半导体二极管的正向特性时，其正向电流不得超过 35 mA，正向压降可在 0～0.75 V 取值，且 0.5～0.75 V 应多取几个测量点。测定反向特性时，只需将图 1-1-4 中的半导体二极管 IN4007 反接，且其反向电压可加至 24 V。分别在表 1-1-2 和表 1-1-3 中记录相应测量数据。

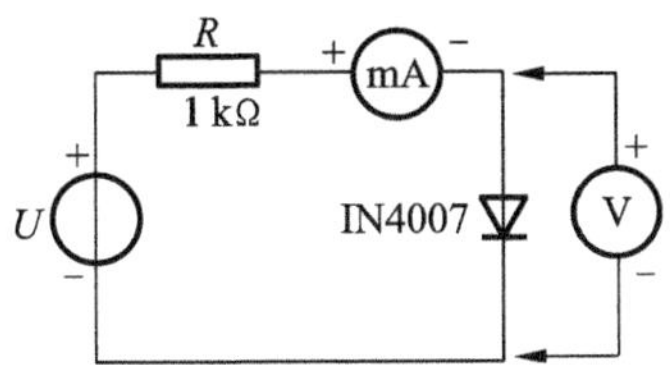

图 1-1-4　测定半导体二极管 IN4007 的伏安特性实验图

表 1-1-2　半导体二极管正向特性实验数据

参数	测　量　值								
U/V									
I/mA									

表 1-1-3　半导体二极管反向特性实验数据

参数	测　量　值								
U/V									
I/mA									

3. 测定稳压二极管的伏安特性

将图 1-1-4 中的半导体二极管 IN4007 换成稳压二极管 2CW55，重复实验内容 2 的测量，并在表 1-1-4 和表 1-1-5 中记录数据。

表 1-1-4　稳压二极管正向特性实验数据

参数	测　量　值								
U/V									
I/mA									

4. 绘制伏安特性曲线

根据各实验数据，分别在方格纸上绘制出光滑的伏安特性曲线（其中半导体二极管和稳压二极管的正、反向特性均要求画在同一张图中，正、反向电压可取为不同的比例尺)，根据实验结果，总结归纳被测各元件的特性，进行误差分析。

表 1-1-5 稳压二极管反向特性实验数据

参数	测 量 值									
U/V										
I/mA										

五、实验注意事项

进行不同实验时，应先估算电压和电流值，合理选择仪表的量程，勿使仪表超量程使用，仪表的正、负极不能接错。

六、思考题

用电压表和电流表测量元器件的伏安特性时，电压表可接在电流表之前或之后，两者对测量误差有何影响？实际测量时应根据什么原则选择？

实验二　基尔霍夫定律

一、实验目的

(1)加深对电流、电压参考方向的理解。

(2)验证基尔霍夫电流定律和基尔霍夫电压定律。

(3)进一步熟悉实验装置上直流电工仪表和设备的使用方法。

二、实验原理

基尔霍夫定律有两条:一条是基尔霍夫电流定律,另一条是基尔霍夫电压定律。

基尔霍夫电流定律(简称 KCL):在任一时刻,流入电路中任一节点的电流总和等于从该节点流出的电流总和,换句话说就是在任一时刻,电路中任一节点电流的代数和为零。

这一定律实质上是电流连续性的体现。运用这条定律时必须注意电流的方向,如果不知道电流的真实方向可以先假设某一电流的正方向(也称参考方向),根据参考方向就可写出基尔霍夫电流定律表达式。其一般形式为

$$\sum I = 0 \tag{1-2-1}$$

基尔霍夫电压定律(简称 KVL):在任一时刻,沿闭合回路电压降的代数和等于零。把这一定律写成一般形式,即

$$\sum U = 0 \tag{1-2-2}$$

三、实验设备与器件

(1)电路原理实验箱或面包板 1 套;

(2)数字万用表 1 块;

(3)线性元器件若干。

四、实验内容

(1)按图 1-2-1 接线,电流和电压采用关联参考方向。

(2)测量支路电流 I_1、I_2、I_3、I_4、I_5,记录数据,将元器件参数和电流数据分别填入表 1-2-1和表 1-2-2 中,验证基尔霍夫电流定律,注意测量方向。

表 1-2-1　实验线路元器件参数

参数	R_1	R_2	R_3	R_4	R_5	U_{s1}	U_{s2}
测量值							

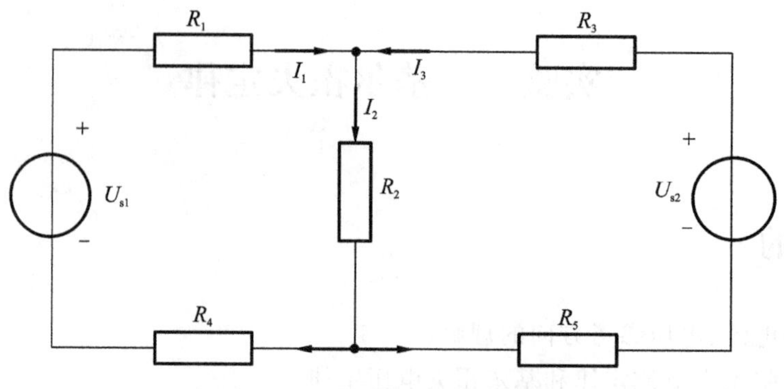

图 1-2-1　基尔霍夫定律实验图

表 1-2-2　基尔霍夫电流定律记录表

被测量	I_1/mA	I_2/mA	I_3/mA	I_4/mA	I_5/mA
计算量					
测量值					
相对误差					
测量总值	$I_1+I_2+I_3=$		$I_2+I_4+I_5=$		

(3)测量电阻元件 R_1、R_2、R_3、R_4 和 R_5 上的电压值 U_1、U_2、U_3、U_4 和 U_5，其方向取和支路电流相关联的方向，记录数据并将其填入表 1-2-3 中，验证基尔霍夫电压定律。

表 1-2-3　基尔霍夫电压定律记录表

被测量	U_1/V	U_2/V	U_3/V	U_4/V	U_5/V
计算量					
测量值					
相对误差					
测量总值	$U_1+U_2+U_4-U_{s1}=$		$U_3+U_2+U_5-U_{s2}=$		

五、实验注意事项

测量电流、电压时都要注意各表的极性、方向和量程。测量时将测量值与计算好的各电流、电压理论值进行比较，以保证测量结果的准确性。

六、思考题

(1)如何选择电路节点更有意义？

(2)实验产生误差的主要原因是什么？

实验三　叠加原理

一、实验目的

(1)学习直流电压表、电流表的测量方法,加深对参考方向的理解。

(2)通过实验验证线性电路中的叠加原理及其适用范围。

(3)熟悉电工实验台的使用以及电路的接线方法。

二、实验原理

叠加原理定义:在线性电路中,任一支路电流(或电压)都是电路中每一个独立源单独作用时,在该支路中产生的电流(或电压)的代数和,如图1-3-1所示。

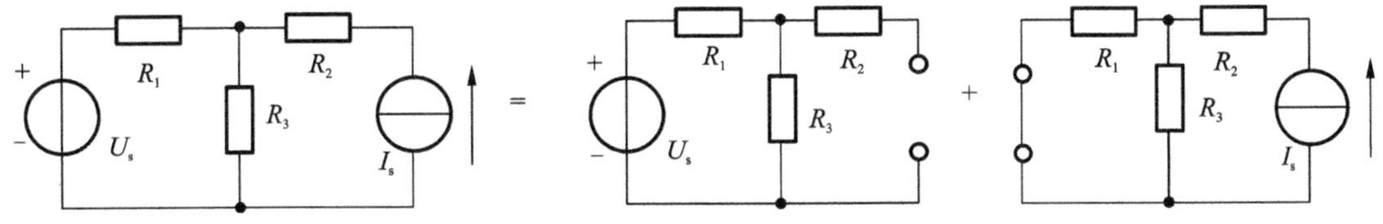

图1-3-1　叠加原理定义图

当某一独立源单独作用时,其他独立源应为零值,独立电压源用短路线代替,独立电流源用开路代替。

在线性电路中,功率是电压或电流的二次函数,所以,叠加定理不适用于功率分析与计算。

三、实验设备与器件

(1)电路原理实验箱或面包板1套;

(2)数字万用表1块;

(3)线性元器件若干。

四、实验内容

1. 实验电路连接及参数选择

实验电路如图1-3-2所示。由 R_1、R_2 和 R_3 组成的T形网络实验线路及直流电压源 U_{s1} 和 U_{s2} 构成线性电路。在面包板上按图1-3-2所示电路选择电路参数并连接电路。参数数值及单位填入表1-3-1。

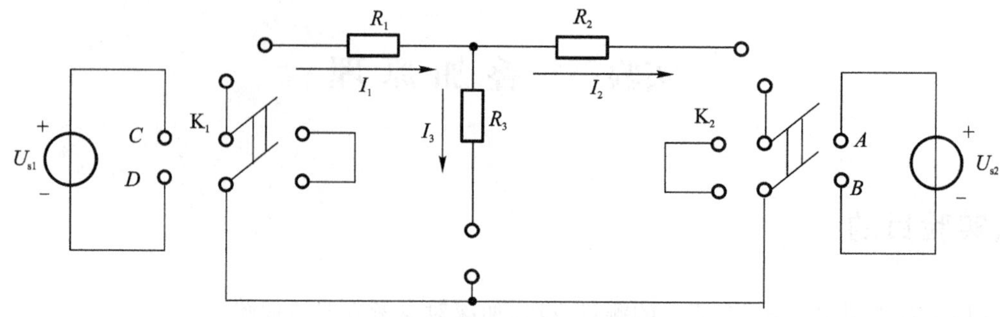

图 1-3-2　叠加原理实验图

表 1-3-1　实验线路元件参数

参数	R_1	R_2	R_3	U_{s1}	U_{s2}
参数值					

2. 叠加原理的验证

(1)调节直流电压源输出电压 U_{s1} 和 U_{s2}，通过 T 形网络实验线路上的双刀双掷开关 K_1、K_2 把电压源 U_{s1}、U_{s2} 分别接到 T 形网络的 CD 和 AB 端。

(2)在两个电压源单独作用以及共同作用下分别测量各支路电流和电压值，并填入表 1-3-2(参考方向见图 1-3-2，支路电压和支路电流取关联参考方向)。

表 1-3-2　验证叠加原理(U_{s1} =　 V，U_{s2} =　 V)

电源	电流、电压值					
	I_1/mA		I_2/mA		I_3/mA	
	U_1/V		U_2/V		U_3/V	
U_{s1} 单独作用	I'_1		I'_2		I'_3	
	U'_1		U'_2		U'_3	
U_{s2} 单独作用	I''_1		I''_2		I''_3	
	U''_1		U''_2		U''_3	
前两项叠加	$I'_1+I''_1$		$I'_2+I''_2$		$I'_3+I''_3$	
	$U'_1+U''_1$		$U'_2+U''_2$		$U'_3+U''_3$	
U_{s1}、U_{s2} 共同作用	I_1		I_2		I_3	
	U_1		U_2		U_3	

(3)根据实测数据验证叠加原理。

五、实验注意事项

(1)测量前应正确选择仪表量程。

(2)实测的电流和电压数据应根据给定的参考方向冠以正号和负号。

六、思考题

实验电路中,若将一个电阻器改为二极管,试问:叠加原理的叠加性和齐次性还成立吗?为什么?

实验四　戴维南定理

一、实验目的

(1)验证戴维南定理。

(2)测定线性有源二端网络的外特性和戴维南等效电路的外特性。

二、实验原理

戴维南定理:对于外电路而言,任何一个线性有源二端网络,总可以用一个理想电压源和电阻的串联形式来代替,理想电压源的电压等于原二端网络的开路电压 U_{OC},其电阻(又称等效内阻)等于网络中所有独立源置零时的输入端等效电阻 R_{eq},如图 1-4-1 所示。

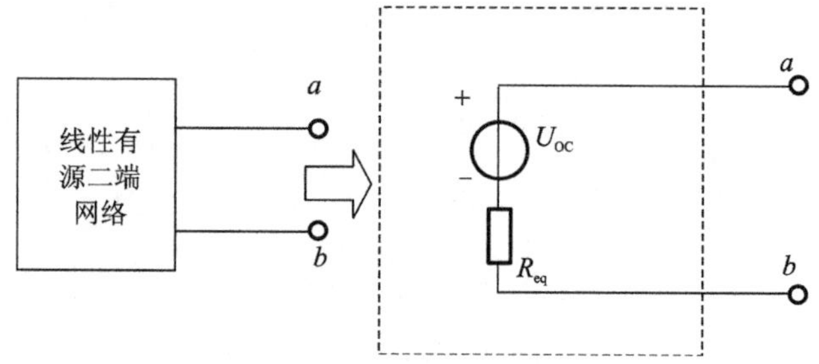

图 1-4-1　戴维南等效定理

1. 开路电压的测量方法

当线性有源二端网络的等效电阻 R_{eq} 与电压表的内阻 R_V 相比可以忽略不计时,可以直接用电压表测量开路电压。

2. 等效电阻 R_{eq} 的测量方法

对于已知的线性有源二端网络,其输入端等效电阻 R_{eq} 可以由原网络计算得出,也可以通过实验测出,下面介绍几种测量方法。

方法一:将线性有源二端网络中的独立源都去掉,在 ab 端外加一已知电压 U,测量一端口的总电流 $I_{总}$,则等效电阻

$$R_{eq}=\frac{U}{I_{总}} \tag{1-4-1}$$

实际的电压源和电流源都具有一定的内阻,它并不能与电源本身分开,因此在去掉电源的同时,也把电源的内阻去掉了,无法将电源内阻保留下来,这将影响测量精度,因而这种方法只适用于电压源内阻较小和电流源内阻较大的情况。

方法二:测量 ab 端的开路电压 U_{OC} 及短路电流 I_{SC},则等效电阻

$$R_{eq}=\frac{U_{OC}}{I_{SC}} \tag{1-4-2}$$

这种方法适用于 ab 端等效电阻 R_{eq} 较大，而短路电流不超过额定值的情形；否则，有损坏电源的危险。

方法三：两次电压测量法。第一次测量 ab 端的开路电压 U_{OC}，第二次在 ab 端接一已知电阻 R_L（负载电阻），测量此时 ab 端的负载电压 U，则 ab 端的等效电阻 R_{eq} 为

$$R_{eq}=\left(\frac{U_{OC}}{U}-1\right)R_L \tag{1-4-3}$$

第三种方法克服了第一、二种方法的缺点和局限性，在实际测量中常被采用。

如果用电压等于开路电压 U_{OC} 的理想电压源与等效电阻 R_{eq} 相串联的电路（称为戴维南等效电路）来代替原线性有源二端网络，则它的外特性 $U=f(I)$ 应与线性有源二端网络的外特性完全相同。

三、实验设备与器件

(1)电路原理实验箱或面包板 1 套；

(2)数字万用表 1 块；

(3)线性元器件若干。

四、实验内容

1. 实验电路连接及参数选择

实验电路如图 1-4-2 所示。由 R_1、R_2 和 R_3 组成的 T 形网络及直流电源 U_s 构成线性有源二端网络，可调电阻箱作为负载电阻 R_L。

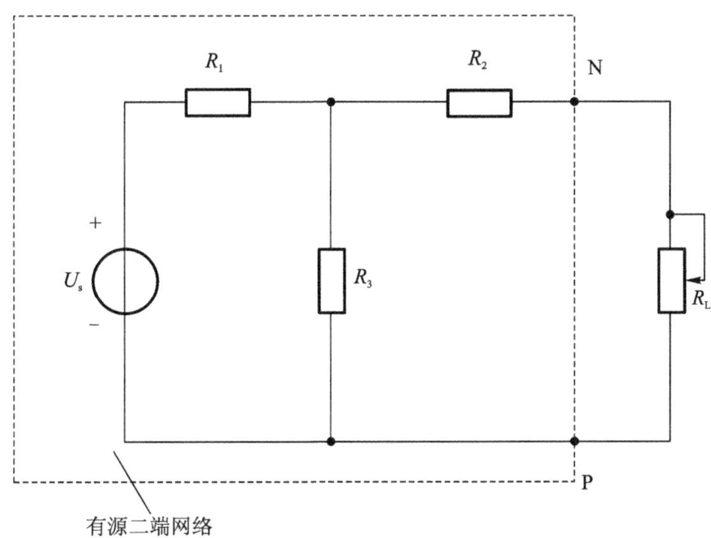

图 1-4-2　戴维南等效定理实验图

在实验台上按图 1-4-2 所示电路选择电路各参数并连接电路，并将参数值及单位填入表 1-4-1 中。

表 1-4-1 实验线路元件参数

参数	R_1	R_2	R_3	U_s	R_L
参数值					

2. 戴维南等效电路参数理论值的计算

根据图 1-4-2 给出的电路及实验内容 1 所选择的参数计算线性有源二端网络的开路电压 U_{OC}、短路电流 I_{SC} 及等效电阻 R_{eq} 并填入表 1-4-2 中。

表 1-4-2 验证戴维南定理

被测量	理论计算值	实验测量值
开路电压 U_{OC}/V		
短路电流 I_{SC}/A		
等效电阻 $R_{eq}=U_{OC}/I_{SC}$		

3. 戴维南等效电路参数的测量

（1）开路电压 U_{OC} 可以采用电压表直接测量。

测量图 1-4-2 所示电路中线性有源二端网络端口（N-P）的开路电压 U_{OC}，结果记入表 1-4-2 中。

（2）等效内阻 R_{eq} 的测量可以采用测量开路电压及短路电流的方法。

当二端网络内部有源时，测量二端网络的短路电流 I_{SC}，计算等效电阻 $R_{eq}=U_{OC}/I_{SC}$，将结果记入表 1-4-2 中。

五、实验注意事项

（1）测量电流、电压时都要注意各表的极性、方向和量程。测量时将测量值与各量的理论计算值进行比较，以保证测量结果的准确性。

（2）做实验前注意观察实验台面板图，记录有关电源、电阻的参数，并画出本实验所需电路的接线图。

六、思考题

什么情况下电压源具有最大输出功率？求出最大输出功率。

第二部分

模拟电子技术实验

电子技术日新月异,已渗透到生产、生活等各方面。作为电子技术重要专业基础之一的模拟电子技术实验,更具有其重要性。模拟电子技术实验在培养学生理论联系实际的能力、动手实践能力、创新思维能力,以及使学生掌握有关电子技术测量的基本技能和知识,激发学生对电子技术的学习兴趣等方面发挥着至关重要的作用。本部分实验内容贴近教材内容,突出应用性和创新性,旨在培养学生的实践动手、综合应用、创新思维的能力,以适应时代对人才素质的需要。

实验一 分压式单管共射极放大器

一、实验目的

(1)掌握分压式单管共射极放大电路的设计方法。

(2)学会放大器静态工作点的调试方法,了解电路元件参数对静态工作点和放大器性能的影响。

(3)掌握放大器电压放大倍数、输入电阻、输出电阻及最大不失真输出电压的测试方法。

(4)熟悉常用电子仪器及模拟电路实验设备的使用。

二、实验原理

设计一个负载电阻为 $R_L=2.4\ \text{k}\Omega$,电压放大倍数为 $|\dot{A}_u|>50$ 的静态工作点稳定的放大电路。晶体管可选择 3DG6、9011 等,电流放大系数 $\beta=60\sim150$,$I_{CM}\geqslant100\ \text{mA}$,$P_{CM}\geqslant450\ \text{mW}$。

画出放大电路的原理图,可以利用 Multisim 10 软件进行仿真或者在实验设备上实现,并按要求测量放大电路的各项指标。

1. 原理简述

图 2-1-1 所示为电阻分压式静态工作点稳定放大器电路。它的偏置电路采用 R_{B1} 和 R_{B2} 组成的分压电路,并在发射极中接有电阻 R_E,以稳定放大器的静态工作点。当在放大器的输入端加输入信号 u_i 后,在放大器的输出端 F 处便可得到一个与 u_i 相位相反、幅值被放大了的输出信号 u_o,从而实现电压放大。

2. 静态参数分析

在图 2-1-1 电路中,当流过偏置电阻 R_{B1} 和 R_{B2} 的电流远大于晶体管的基极电流 I_B(一般为 5~10 倍)时,则晶体管的静态工作点可用下式估算:

$$U_B=\frac{R_{B1}}{R_{B1}+R_{B2}}U_{CC} \tag{2-1-1}$$

$$I_E=\frac{U_B-U_{BE}}{R_E}\approx(1+\beta)I_B\approx I_C \tag{2-1-2}$$

$$U_{CE}=U_{CC}-I_C(R_C+R_E) \tag{2-1-3}$$

3. 动态参数分析

电压放大倍数:

$$\dot{A}_u=-\beta\frac{R_C /\!/ R_L}{r_{be}} \tag{2-1-4}$$

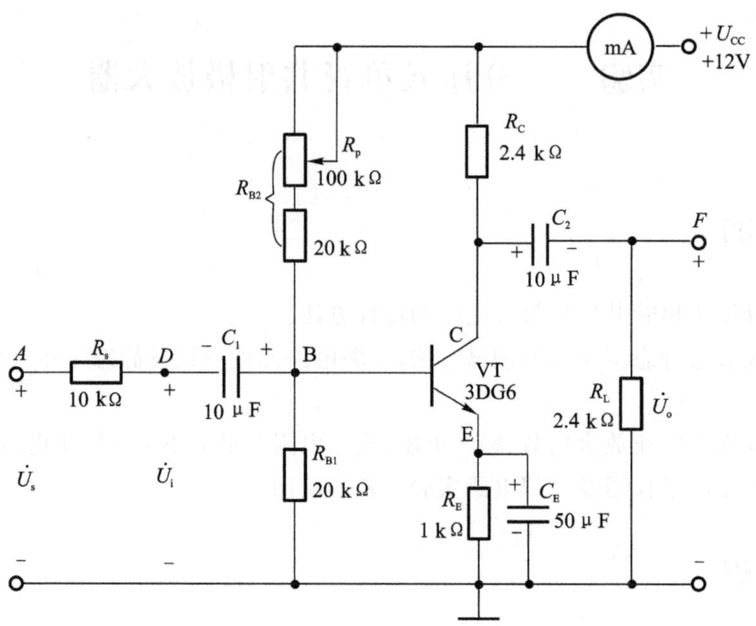

图 2-1-1 分压式单管共射放大实验电路

低频三极管发射结的电阻：

$$r_{be}=300+(1+\beta)\frac{26}{I_E} \tag{2-1-5}$$

输入电阻：

$$R_i=R_{B1}/\!/R_{B2}/\!/r_{be} \tag{2-1-6}$$

输出电阻：

$$R_o\approx R_C \tag{2-1-7}$$

4. 电路参数的设计

1）电阻 R_E 的选择

根据式(2-1-2)，忽略 U_{BE} 得

$$R_E\approx\frac{U_B}{(1+\beta)I_B} \tag{2-1-8}$$

式中，β 的取值范围为 60～150，U_B 选择 3～5 V，I_B 可根据 β 和 I_{CM} 选择。

2）电阻 R_{B1}、R_{B2} 的选择

流过 R_{B2} 的电流 $I_{R_{B2}}$ 一般为(5～10)I_B，所以，R_{B1}、R_{B2} 为

$$R_{B1}\approx\frac{U_B}{I_{R_{B2}}-I_B} \tag{2-1-9}$$

$$R_{B2}\approx\frac{U_{CC}-U_B}{I_{R_{B2}}} \tag{2-1-10}$$

3）电阻 R_C 的选择

根据式(2-1-3)得

$$R_C\approx\frac{U_{CC}-U_{CE}}{\beta I_B}-R_E \tag{2-1-11}$$

式中，$U_{CE}\approx\frac{1}{2}U_{CC}$，具体选择 R_C 时，其应满足电压放大倍数 $|\dot{A}_u|$ 的要求。此外，电容 C_1、C_2 和 C_E 可选择 10 μF 左右的电解电容。

5. 测量与调试

放大器的静态参数是指输入信号为零时的 I_B、I_C、U_{BE} 和 U_{CE}。动态参数为电压放大倍数、输入电阻、输出电阻、最大不失真电压和通频带等。

1）静态工作点的测量

测量放大器的静态工作点，应在输入信号 $u_i=0$ 的情况下进行，即将放大器输入端与地端短接，然后选用量程合适的直流毫安表和直流电压表，分别测量晶体管的集电极电流 I_C 以及各电极对地的电压 U_B、U_C 和 U_E。实验中，为了避免断开集电极，一般采用测量电压 U_E 或 U_C，然后计算 I_C 的方法。例如，只要测出 U_E，即可用 $I_C\approx I_E=\frac{U_E}{R_E}$ 算出 I_C（也可根据 $I_C=\frac{U_{CC}-U_C}{R_C}$，由 U_C 确定 I_C），同时也能算出 $U_{BE}=U_B-U_E$，$U_{CE}=U_C-U_E$。为了减小误差，提高测量精度，应选用内阻较高的直流电压表。

2）静态工作点的调试

放大器静态工作点的调试是指对晶体管集电极电流 I_C（或 U_{CE}）的调整与测试。静态工作点是否合适，对放大器的性能和输出波形都有很大影响。如工作点偏高，在加入交流信号以后放大器易产生饱和失真，此时 u_o 的负半周将被削底，如图 2-1-2(a)所示；如工作点偏低则易产生截止失真，即 u_o 的正半周被削顶（一般截止失真不如饱和失真明显），如图 2-1-2(b)所示。这些情况都不符合不失真放大的要求。所以在选定工作点以后还必须进行动态调试，即在放大器的输入端加入一定的输入信号 u_i，检查输出信号 u_o 的大小和波形是否满足要求。如不满足，则应调节静态工作点的位置。

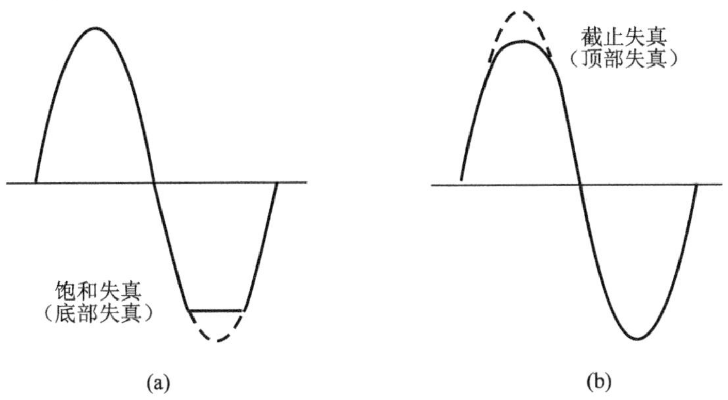

图 2-1-2　静态工作点对输出波形失真的影响

改变电路参数 U_{CC}、R_C、R_B（R_{B1}、R_{B2}）都会引起静态工作点的变化，如图 2-1-3 所示。但通常采用调节偏置电阻 R_{B2} 的方法来改变静态工作点，如减小 R_{B2} 可使静态工作点提高等。

所谓的静态工作点“偏高”或“偏低”不是绝对的，是相对信号的幅度而言的，如输入信号幅度很小，即使静态工作点较高或较低也不一定会出现失真。所以确切地说，产生波形失真是信号幅度与静态工作点设置配合不当所致。如需满足较大信号幅度的要求，静态工作点

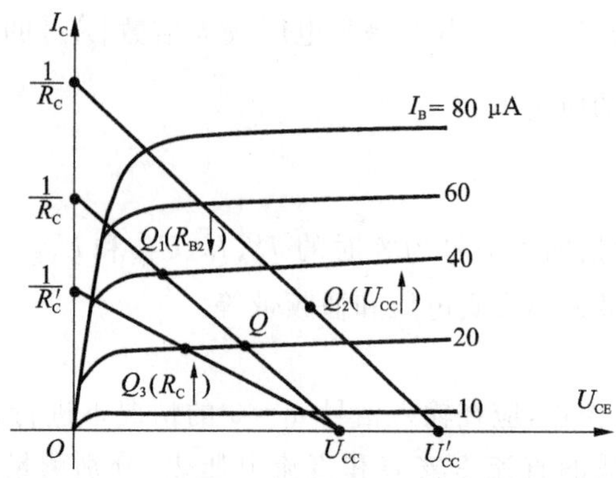

图 2-1-3　电路参数对静态工作点的影响

最好尽量靠近交流负载线的中点。

3）电压放大倍数 $\dot{A}_u$ 的计算

调整放大器到合适的静态工作点，然后加入输入信号 u_i，在输出信号 u_o 不失真的情况下，用交流毫伏表测出 u_i 和 u_o 的有效值 U_i 和 U_o，则

$$\dot{A}_u=\frac{U_o}{U_i}$$

4）输入电阻 R_i 的测量

为了测量放大器的输入电阻，按图 2-1-4 所示电路在被测放大器的输入端与信号源之间串入一已知电阻 R，在放大器正常工作的情况下，用交流毫伏表测出 U_s 和 U_i，则根据输入电阻的定义可得

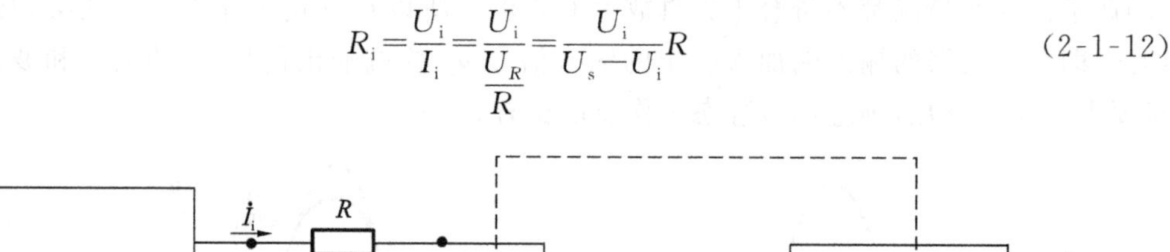

$$R_i=\frac{U_i}{I_i}=\frac{U_i}{\frac{U_R}{R}}=\frac{U_i}{U_s-U_i}R \tag{2-1-12}$$

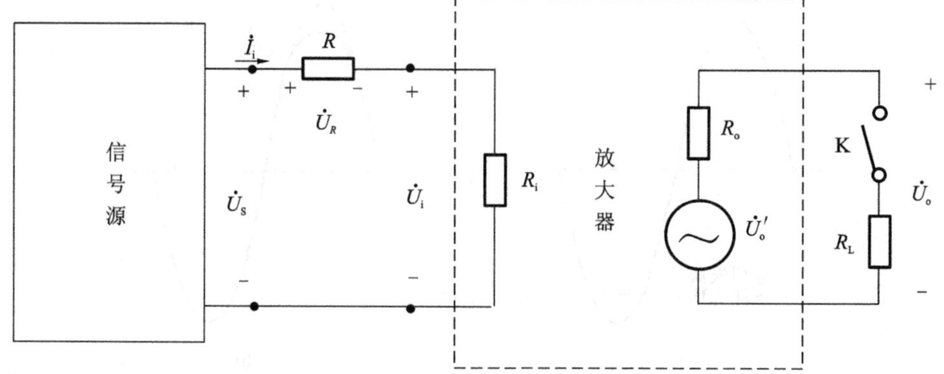

图 2-1-4　输入、输出电阻测量电路

测量时应注意下列几点。

(1)由于电阻 R 两端没有电路公共接地点，所以测量 R 两端电压 U_R 时必须分别测量 U_s 和 U_i，然后按 $U_R=U_s-U_i$ 求出 U_R 值。

(2)电阻 R 的值不宜取得过大或过小，以免产生较大的测量误差，通常取 R 与 R_i 为同一数量级为好，本实验可取 $R=1\sim2\ \text{k}\Omega$。

5)输出电阻 R_o 的测量

按图 2-1-4 所示电路,在放大器正常工作条件下,测出输出端不接负载 R_L 时的输出电压 U'_o 和接入负载后的输出电压 U_o,根据

$$U_o=\frac{R_L}{R_o+R_L}U'_o \tag{2-1-13}$$

即可求出

$$R_o=\left(\frac{U'_o}{U_o}-1\right)R_L \tag{2-1-14}$$

在测试中应注意,必须保持 R_L 接入前后输入信号的大小不变。

6)最大不失真输出电压 U_{OPP} 的测量(最大动态范围)

如上所述,为了得到最大动态范围,应将静态工作点调在交流负载线的中点。因此在放大器正常工作情况下,逐步增大输入信号的幅度,并同时调节 R_p(改变静态工作点),用示波器观察 u_o,当输出波形同时出现削底和削顶现象(见图 2-1-5)时,说明静态工作点已调在交流负载线的中点。然后反复调整输入信号,使波形输出幅度最大,且无明显失真,用交流毫伏表测出 U_o(有效值),则动态范围等于 $2\sqrt{2}U_o$,或用示波器直接读出 U_{OPP}。

7)放大器幅频特性的测量

放大器的幅频特性曲线是指放大器的电压放大倍数 $\dot{A}_u$ 与输入信号频率 f 之间的关系曲线。单管阻容耦合放大电路的幅频特性曲线如图 2-1-6 所示,$\dot{A}_{um}$ 为中频电压放大倍数,通常规定电压放大倍数随频率变化下降到中频电压放大倍数的 $1/\sqrt{2}$ 倍,即 $0.707\dot{A}_{um}$ 所对应两个的频率分别称为下限频率 f_L 和上限频率 f_H,通频带 $BW=f_H-f_L$。在测量时应注意取点要恰当,在低频段与高频段应多取几点,在中频段可以少取几点。此外,在改变频率时,要保持输入信号的幅度不变,且输出波形不得失真。幅频特性也可以用对数来表示,用对数表示的频率特性图也称为波特图。

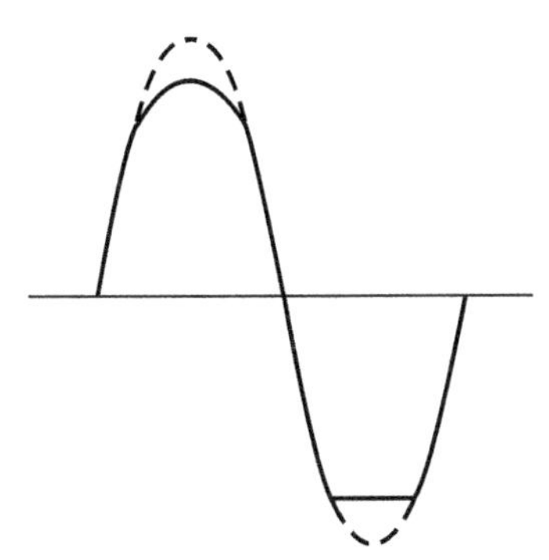

图 2-1-5 静态工作点正常,输入信号太大引起的失真

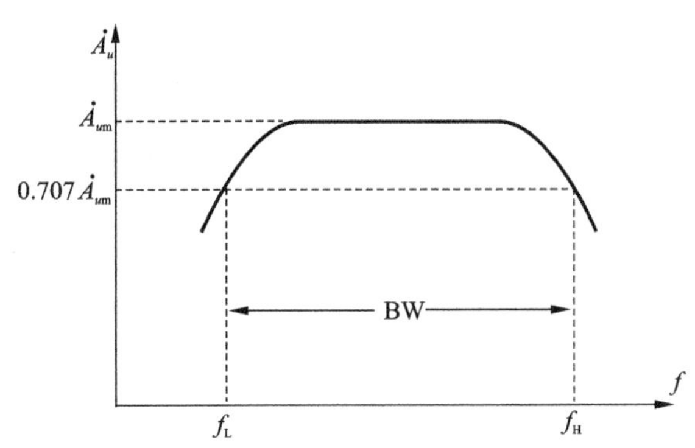

图 2-1-6 幅频特性曲线

8)常用晶体管管脚识别

实验中常用的低频小功率三极管有 3DG6、9011、3CG、9012、9013 系列,它们都属 NPN 型结构,其管脚排列规律如图 2-1-7 所示。

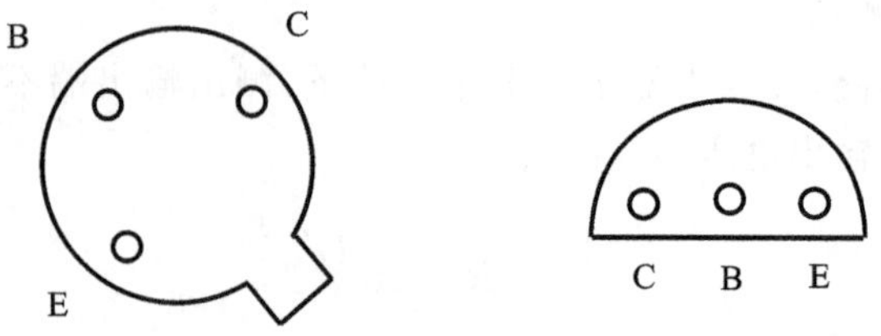

图 2-1-7 常用晶体三极管管脚排列图

三、实验设备与器件

(1)+12 V 直流电源 1 台；

(2)函数信号发生器 1 台；

(3)双踪示波器 1 台；

(4)交流毫伏表 1 块；

(5)数字万用表 1 块；

(6)模拟电子线路实验箱 1 套；

(7)晶体三极管 3DG6(β=50～150)或 9011(管脚排列如图 2-1-7 所示)；

(8)电阻、电容若干。

四、实验内容

实验电路如图 2-1-1 所示，各电子仪器可按常用电子仪器使用的方式连接。为防止干扰，各仪器的公共端必须连在一起，同时信号源、交流毫伏表和示波器的引线应采用专用电缆线或屏蔽线。如使用屏蔽线，则屏蔽线的外包金属网应接在公共接地端上。

1. 调试静态工作点

接通直流电源前，先将 R_p 调至最大，函数信号发生器输出旋钮旋至零。接通+12 V 电源、调节 R_p，使 I_C=2 mA(即 U_E=2 V)，测量 U_B、U_E、U_C 及用万用电表测量 R_{B2} 值，记入表 2-1-1。

表 2-1-1 静态工作点测量记录

测量值				计算值		
U_B/V	U_E/V	U_C/V	R_{B2}/kΩ	U_{BE}/V	U_{CE}/V	I_C/mA

2. 测量电压放大倍数

放大器静态工作点调试完毕后，再在放大器输入端加入频率为 1 kHz 的正弦信号 u_s，调节函数信号发生器的输出旋钮使放大器输入电压 U_i≈10 mV，同时用示波器观察放大器输

出信号 u_o 波形，在波形不失真的条件下用交流毫伏表测量下述三种情况下的 U_o 值，并用双踪示波器观察 u_o 和 u_i 的相位关系，记入表 2-1-2。

表 2-1-2　动态参数测量记录

R_C/kΩ	R_L/kΩ	U_o/V	$\dot{A}_u$	观察记录一组 u_o 和 u_i 波形
				u_i—t 坐标；u_o—t 坐标

3. 观察静态工作点对电压放大倍数的影响

设置 $R_C=2.4$ kΩ，$R_L=\infty$，选择合适的 U_i，调节 R_p，用示波器监视输出信号波形，在 u_o 不失真的条件下，测量几组 I_C 和 U_o 值，记入表 2-1-3。

表 2-1-3　静态工作点与波形失真的规律记录

I_C/mA	U_{CE}/V	u_o 波形	失真情况	三极管工作状态
		u_o—t 坐标		
		u_o—t 坐标		
		u_o—t 坐标		

测量 I_C 时，要先将信号源输出旋钮旋至零（即 $U_i=0$）。

4. 观察静态工作点对输出波形失真的影响

设置 $R_C=2.4$ kΩ，$R_L=2.4$ kΩ，$u_i=0$，调节 R_p 使 $I_C=2$ mA，测出 U_{CE} 值，再逐步加大输入信号，使输出信号 u_o 足够大但不失真。然后保持输入信号不变，分别增大和减小 R_p，使波形失真，绘出 u_o 的波形，并测出失真情况下的 I_C 和 U_{CE} 值，记入表 2-1-3 中。每次测量 I_C 和 U_{CE} 值时都要将信号源的输出旋钮旋至零。

5. 测量最大不失真输出电压

设置 $R_C=2.4$ kΩ，$R_L=2.4$ kΩ，按照实验原理"最大不失真输出电压 U_{OPP} 的测量"中所述方法，同时调节输入信号的幅度和 R_p，用示波器和交流毫伏表测量 U_{OPP} 及 U_o 值，记入表 2-1-4。

表 2-1-4　最大不失真输出电压测量记录

I_C/mA	U_i/mV	U_o/V	U_{OPP}

6. 测量输入电阻和输出电阻

设置 $R_C=2.4\ \text{k}\Omega$，$R_L=2.4\ \text{k}\Omega$，$I_C=2\ \text{mA}$，输入 $f=1\ \text{kHz}$ 的正弦信号，在输出信号 u_o 不失真的情况下，用交流毫伏表测出 U_s、U_i 和 U_o 的值并记入表 2-1-5。再保持 U_s 不变，断开 R_L，测量输出电压 U'_o，记入表 2-1-5。

表 2-1-5 输入、输出电阻测量记录

U_s/mV	U_i/mV	R_i/kΩ		U_o/V	U'_o/V	R_o/kΩ	
		测量值	计算值			测量值	计算值

7. 测量幅频特性曲线

设置 $R_C=2.4\ \text{k}\Omega$，$R_L=2.4\ \text{k}\Omega$，$I_C=2\ \text{mA}$。保持输入信号 u_i 的幅度不变，按 10 倍频规律增加信号源频率 f，逐点测出相应的输出电压 U_o，并计算出电压放大倍数，记入表 2-1-6。

表 2-1-6 幅频特性测量记录

f	1 Hz	10 Hz	100 Hz	1 kHz	10 kHz	100 kHz	1 MHz
U_o/V							
$\dot{A}_u$							

说明：本实验内容较多，其中 3、7 可作为选作内容。

五、实验注意事项

（1）检查模拟电子电路实验箱是否能正常工作（电源是否通电，三极管是否损坏，可变电阻能否调整）。

（2）接线后，需检查无误后通电。

（3）可以采用仿真实验进行模拟。在计算机上采用 Multisim10 软件进行电路连接、调试和测量。

六、思考题

（1）怎样测量 R_{B2} 电阻值？

（2）测试中，如果将函数信号发生器、交流毫伏表、示波器中任一仪器的两个测试端子接线换位（即各仪器的接地端不再连在一起），将会出现什么问题？

实验二　射极跟随器

一、实验目的

（1）掌握射极跟随器的特性及测试方法。

（2）进一步学习放大器各项参数调试方法。

二、实验原理

射极跟随器的原理如图 2-2-1 所示。它是一个电压串联负反馈放大电路，它具有输入阻抗高、输出阻抗低、输出电压能够在较大范围内跟随输入电压做线性变化以及输入、输出信号近似相同等特点。

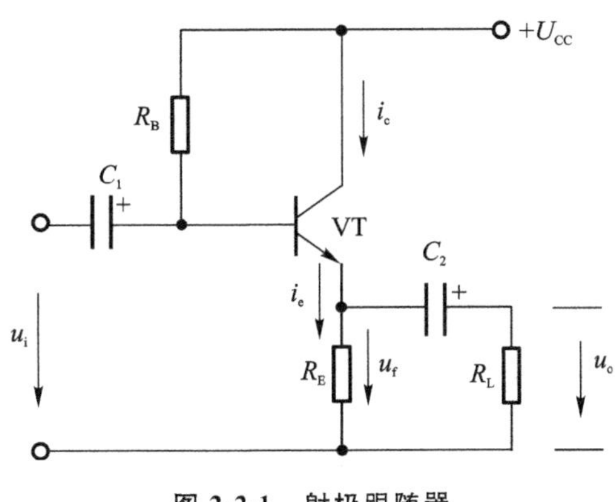

图 2-2-1　射极跟随器

射极跟随器的输出取自发射极，故又称其为射极输出器。

1. 输入电阻 R_i 的计算

由图 2-2-1 电路可知

$$R_i = r_{be} + (1+\beta)R_E \tag{2-2-1}$$

如考虑偏置电阻 R_B 和负载 R_L 的影响，则

$$R_i = R_B // [r_{be} + (1+\beta)(R_E // R_L)] \tag{2-2-2}$$

式中，r_{be} 为 BE 结的交流电阻。由式（2-2-2）可知射极跟随器的输入电阻 R_i 比共射极单管放大器的输入电阻 $R_i = R_B // r_{be}$ 要大得多，但由于偏置电阻 R_B 的分流作用，输入电阻难以进一步增大。

输入电阻的测试方法同单管放大器的一样，实验路线如图 2-2-2 所示。因此，射极跟随器的输入电阻 R_i 为

$$R_i = \frac{U_i}{I_i} = \frac{U_i}{U_s - U_i} R_s$$

即只要测得 A、B 两点的对地电压即可计算出 R_i。

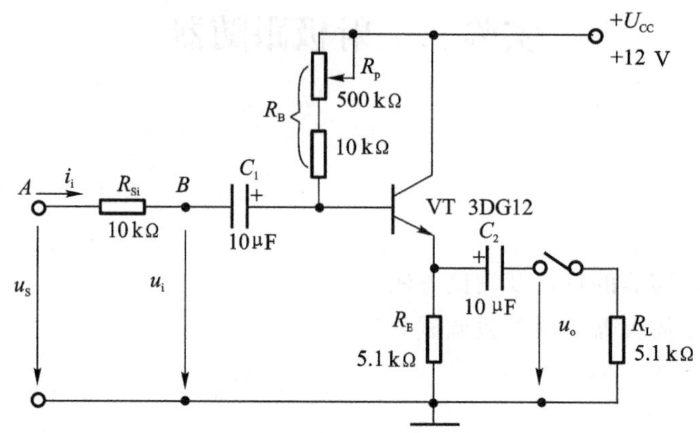

图 2-2-2　射极跟随器实验电路

2. 输出电阻 R_o 的计算

由图 2-2-1 电路可知

$$R_o = \frac{r_{be}}{\beta} /\!/ R_E \approx \frac{r_{be}}{\beta} \tag{2-2-3}$$

如考虑信号源内阻 R_s，则

$$R_o = \frac{r_{be} + (R_s /\!/ R_B)}{\beta} /\!/ R_E \approx \frac{r_{be} + (R_s /\!/ R_B)}{\beta} \tag{2-2-4}$$

由式(2-2-4)可知射极跟随器的输出电阻 R_o 比共射极单管放大器的输出电阻 $R_o \approx R_C$ 小得多。所以，选取的三极管的 β 值越高，则输出电阻越小。

其输出电阻 R_o 的测试方法亦同单管放大器的一样，即先测出空载输出电压 U_o，再测接入负载 R_L 后的输出电压 U_L，根据

$$U_L = \frac{R_L}{R_o + R_L} U_o \tag{2-2-5}$$

即可求出输出电阻 R_o 的值，即

$$R_o = (U_o / U_L - 1) R_L \tag{2-2-6}$$

3. 电压放大倍数 $\dot{A}_u$ 的计算

由电路可知，$\dot{A}_u$ 值为

$$\dot{A}_u = \frac{(1+\beta)(R_E /\!/ R_L)}{r_{be} + (1+\beta)(R_E /\!/ R_L)} \leqslant 1 \tag{2-2-7}$$

式(2-2-7)说明射极跟随器的电压放大倍数小于等于 1，且为正值，这是深度电压负反馈的结果。但它的射极电流仍比基极电流大$(1+\beta)$倍，所以它具有一定的电流和功率放大作用。

三、实验设备与器件

(1) +12 V 直流电源 1 台；

(2) 函数信号发生器 1 台；

(3)双踪示波器 1 台；

(4)交流毫伏表 1 块；

(5)数字万用表 1 块；

(6)模拟电子线路实验箱 1 套；

(7)晶体三极管 3DG12(β=50～100)1 个或 9013；

(8)电阻、电容若干。

四、实验内容

1. 连接实验电路

按图 2-2-2 连接实验电路。

2. 静态工作点的调整

接通+12 V 直流电源，在 B 点加入 f=1 kHz 的正弦信号 u_i，在输出端用示波器监视输出波形，反复调整 R_p 及输入信号幅度，使可在示波器的屏幕上观测到一个最大且不失真输出波形，然后置 u_i=0，测量晶体管各电阻对地电压，将测得数据记入表 2-2-1 中。

表 2-2-1　静态工作点

U_E/V	U_B/V	U_C/V	$I_E=\frac{U_E}{R_E}$/mA

在以下整个测试过程中应保持 R_p 值不变(即保持静态工作点 I_E 不变)。

3. 测量电压放大倍数 $\dot{A}_u$

接入负载 R_L=5.1 kΩ，在 B 点加入 f=1 kHz 的正弦信号 u_i，调节输入信号幅度，用示波器观察输出波形 u_o，在输出最大不失真电压情况下，用交流毫伏表测 U_i、U_L 值，并记入表2-2-2。

表 2-2-2　放大倍数

U_i/V	U_L/V	$\dot{A}_u=\frac{U_L}{U_i}$

4. 测量输出电阻 R_o

接负载 R_L=5.1 kΩ，在 B 点加入 f=1 kHz 的正弦信号 u_i，用示波器监视输出波形，测空载输出电压 U_o 及有负载时输出电压 U_L，并记入表 2-2-3。

表 2-2-3　输出电阻

U_o/V	U_L/V	$\left(\frac{U_o}{U_L}-1\right)R_L$/kΩ

5. 测量输入电阻 R_i

在 A 点加入 $f=1$ kHz 的正弦信号 u_s，用示波器监视输出波形，用交流毫伏表分别测出 A、B 点对地的电压 U_s、U_i，并记入表 2-2-4。

表 2-2-4　输入电阻

U_s/V	U_i/V	$R_i=\frac{U_i}{U_s-U_i}R_s$/kΩ

五、实验注意事项

(1)检查模拟电子电路实验箱是否能正常工作(电源是否通电，三极管是否损坏，可变电阻能否调整)。

(2)按图 2-2-2 接线，检查无误后通电。

(3)也可以采用仿真实验进行模拟，在计算机上采用 Multisim10 软件进行电路连接、调试和测量。

(4)列表整理测量结果，并把实测的静态工作点、电压放大倍数、输入电阻、输出电阻值与理论计算值进行比较(取一组数据进行比较)，分析误差产生的原因。

六、思考题

(1)整理实验数据，将测量数据 $\dot{A}_u$、R_o、R_i 与理论计算值进行比较，并分析误差产生原因。

(2)分析射极跟随器的性能和特点。

实验三 差分放大器

差分放大器又称差动放大电路，它是一种能够有效地抑制零点漂移的直流放大器。它有多种形式的电路结构：基本结构、长尾结构和恒流源结构，并有四种输入/输出方式（差分输入/双端输出方式、差分输入/单端输出方式、单端输入/双端输出方式、单端输入/单端输出方式）。

一、实验目的

(1)加深对差分放大器性能及特点的理解。

(2)学会调节差分放大器的静态工作点。

(3)掌握差模放大倍数的测试方法。

(4)掌握共模放大倍数及共模抑制比 K_{CMR} 的测试方法。

二、实验原理

图 2-3-1 所示为差分放大器的基本结构。它由两个元件参数相同的基本共射放大电路组成。当开关 K 拨向左边时，构成长尾差分放大器。调零电位器 R_p 用来调节 VT_1、VT_2 管的静态工作点，使得输入信号 $U_i=0$ 时，双端输出电压 $U_o=0$。R_E 为两管共用的发射极电阻，它对差模信号无负反馈作用，因而不影响差模放大倍数，但对共模信号有较强的负反馈作用，故可以有效地抑制零点漂移，稳定静态工作点。

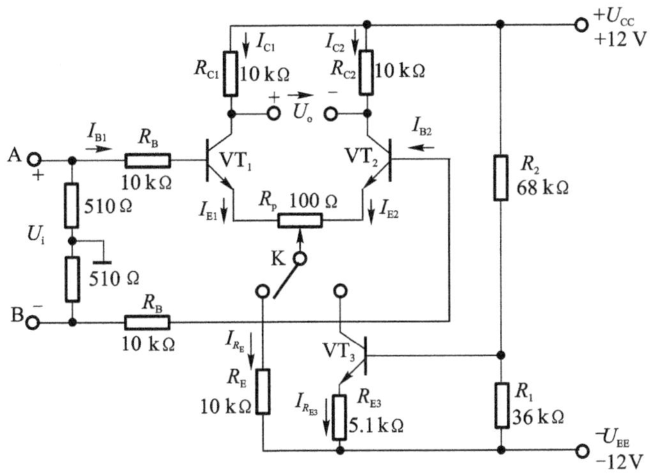

图 2-3-1 差分放大器实验电路

当开关 K 拨向右边时，构成具有恒流源的差分放大器。它用晶体管恒流源代替发射极电阻 R_E，可以进一步提高差分放大器抑制共模信号的能力。

1. 静态工作点的估算

长尾差分电路：

$$I_B=\frac{|U_{EE}|-U_{BE}}{R_B+(1+\beta)\frac{R_p}{2}+2(1+\beta)R_E} \tag{2-3-1}$$

$$I_{R_E}=2I_E\approx 2I_C=2\beta I_B \tag{2-3-2}$$

$$U_C=U_{CC}-I_CR_C \tag{2-3-3}$$

恒流源差分电路：

$$I_{C3}\approx I_{R_{E3}}\approx\frac{\frac{R_1}{R_1+R_2}(U_{CC}+|U_{EE}|)-U_{BE3}}{R_{E3}} \tag{2-3-4}$$

$$I_B=\frac{I_C}{\beta}\approx\frac{I_E}{\beta}=\frac{1}{\beta}\frac{I_{R_{E3}}}{2} \tag{2-3-5}$$

2. 差模放大倍数和共模放大倍数

当差分放大器的射极电阻 R_E 足够大，或采用恒流源时，差模放大倍数 A_d 由输出端方式决定，而与输入方式无关。

(1) 双端输出：$R_E\to\infty$，R_p 在中心位置时，

$$A_d=\frac{\Delta U_o}{\Delta U_i}=-\beta\frac{R_C//\frac{R_L}{2}}{R_B+r_{be}+(1+\beta)\frac{R_p}{2}} \tag{2-3-6}$$

当输入共模信号时，在理想对称情况下

$$A_c=\frac{\Delta U_o}{\Delta U_i}=0 \tag{2-3-7}$$

实际上由于元件不可能完全对称，因此 A_c 也不会绝对等于零。

(2) 单端输出：$R_E\to\infty$，R_p 在中心位置时，

$$A_{d1}=A_{d2}=\pm\frac{1}{2}\beta\frac{R_C//R_L}{R_B+r_{be}+(1+\beta)\frac{R_p}{2}} \tag{2-3-8}$$

当输入共模信号时，若为单端输出，则有

$$A_{c1}=A_{c2}=-\beta\frac{R_C//R_L}{R_B+r_{be}+(1+\beta)\frac{R_p}{2}+2(1+\beta)R_E}\approx-\frac{R_C}{2R_E} \tag{2-3-9}$$

3. 共模抑制比 K_{CMR}

差分放大器对有用信号（差模信号）的放大作用和对共模信号的抑制能力通常用一个综合指标来衡量，即共模抑制比 K_{CMR}：

$$K_{CMR}=\left|\frac{A_d}{A_c}\right| \quad 或 \quad K_{CMR}=20\lg\left|\frac{A_d}{A_c}\right| \tag{2-3-10}$$

差分放大器的输入信号可采用直流信号也可采用交流信号。本实验由函数信号发生器提供频率 $f=1$ kHz 的正弦信号作为输入信号。

三、实验设备与器件

(1)±12 V 直流电源 1 台；
(2)函数信号发生器 1 台；
(3)双踪示波器 1 台；
(4)交流毫伏表 1 块；
(5)直流电压表 1 块；
(6)模拟电子线路实验箱 1 套；
(7)晶体三极管 3DG6×3(或 9011×3)，要求 VT_1、VT_2 管特性参数一致；
(8)电阻、电容若干。

四、实验内容

1. 长尾差分放大器性能测试

按图 2-3-1 连接实验电路，开关 K 拨向左边构成长尾差分放大器。

(1) 测量静态工作点

①调节放大器零点　信号源不接入，将放大器输入端 A、B 与地短接，接通±12 V 直流电源，用直流电压表测量输出电压 U_o，调节调零电位器 R_p，使 $U_o=0$。

②测量静态工作点　零点调好以后，用直流电压表测量 VT_1、VT_2 管各电极电位及射极电阻 R_E 两端电压 U_{R_E}，记入表 2-3-1。

表 2-3-1　长尾差分放大器静态工作点测量记录

<table>
<tr><td rowspan="2">测量值</td><td>U_{C1}/V</td><td>U_{B1}/V</td><td>U_{E1}/V</td><td>U_{C2}/V</td><td>U_{B2}/V</td><td>U_{E2}/V</td><td>U_{R_E}/V</td></tr>
<tr><td></td><td></td><td></td><td></td><td></td><td></td><td></td></tr>
<tr><td rowspan="2">计算值</td><td colspan="2">I_C/mA</td><td colspan="3">I_B/mA</td><td colspan="2">U_{CE}/V</td></tr>
<tr><td colspan="2"></td><td colspan="3"></td><td colspan="2"></td></tr>
</table>

(2)测量差模放大倍数

断开直流电源，将函数信号发生器的输出端接放大器输入端 A，地端接放大器输入端 B 构成单端输入方式，输入频率 $f=1$ kHz 的正弦信号，并将输出旋钮旋至零，用示波器监视输出端(集电极 C_1 或 C_2 与地之间)。接通±12 V 直流电源，逐渐增大输入电压 U_i(约 100 mV)，在输出波形无失真的情况下，用交流毫伏表测量 U_i、U_{C1}、U_{C2}的值，记入表 2-3-2 中，并观察 u_i、u_{C1}、u_{C2}之间的相位关系及 U_{R_E} 随 U_i 变化而变化的情况。

(3)测量共模放大倍数

将放大器 A、B 短接，信号源接在 A 端与地之间，构成共模输入方式，调节输入信号 $f=1$ kHz，$U_i=1$ V，在输出波形无失真的情况下，测量 U_{C1}、U_{C2}的值并记入表 2-3-1，并观察 u_i、u_{C1}、u_{C2}之间的相位关系及 U_{R_E} 随 U_i 变化而变化的情况。

2.具有恒流源的差分放大器性能测试

将图 2-3-1 电路中开关 K 拨向右边，构成具有恒流源的差分放大器。重复实验上述内容(2)、(3)，测量值记入表 2-3-2 中。

表 2-3-2 差分放大器差模及共模放大倍数测量记录

测 量 值	长尾差分放大器		恒流源差分放大器	
	单端输入	共模输入	单端输入	共模输入
U_i	100 mV	1 V	100 mV	1 V
U_{C1}/V				
U_{C2}/V				
$A_{d1}=\frac{U_{C1}}{U_i}$				
$A_d=\frac{U_o}{U_i}$				
$A_{c1}=\frac{U_{C1}}{U_i}$				
$A_c=\frac{U_o}{U_i}$				
$K_{CMR}=\left\|\frac{A_{d1}}{A_{c1}}\right\|$				

五、实验注意事项

(1) 整理实验数据，列表比较实验测量结果和理论计算值，分析误差原因。

①静态工作点和差模放大倍数的计算；

②长尾差分放大器单端输出时 K_{CMR} 的实测值与理论值比较；

③长尾差分放大器单端输出时 K_{CMR} 的实测值与具有恒流源的差分放大器 K_{CMR} 实测值比较。

(2)比较 u_i、u_{C1} 的 u_{C2} 之间的相位关系。

(3)根据实验结果，总结电阻 R_E 和恒流源的作用。

六、思考题

(1)根据实验电路参数，计算长尾差分放大器和具有恒流源的差分放大器的静态工作点及差模放大倍数(取 $\beta_1=\beta_2=100$)。

(2)测量静态工作点时，放大器输入端 A、B 与地应如何连接？

(3)实验中怎样获得双端和单端输入差模信号？怎样获得共模信号？画出 A、B 端与信号源之间的连接图。

实验四　负反馈放大器

负反馈在电子电路中有着非常广泛的应用，虽然它使放大器的放大倍数降低，但能在多方面改善放大器的动态指标，如稳定放大倍数，改变输入、输出电阻，减小非线性失真和展宽通频带等。因此，几乎所有的实用放大器都带有负反馈。

一、实验目的

(1)理解负反馈放大器的工作原理及负反馈对放大器性能指标的影响。

(2)掌握负反馈放大器主要性能指标的测量与调试方法。

(3)进一步掌握多级放大器静态工作点的调试方法。

二、实验原理

负反馈放大器有四种组态，即电压串联、电压并联、电流串联和电流并联。本实验以电压串联负反馈为例，分析负反馈对放大器各项性能指标的影响。

1. 电压串联负反馈

图 2-4-1 所示为带有电压串联负反馈的两级阻容耦合放大器，在电路中通过 R_f 把输出电压 U_o 引回输入端，加在晶体管 VT_1 的发射极上，在发射极电阻 R_{F1} 上形成反馈电压 U_f。根据反馈的判断方法可知，它属于电压串联负反馈。其主要性能指标如下。

(1)闭环电压放大倍数：

$$\dot{A}_{uf}=\frac{\dot{A}_u}{1+\dot{A}_u\dot{F}} \tag{2-4-1}$$

式中，$\dot{A}_u=\frac{\dot{U}_o}{\dot{U}_i}$为基本放大器(无反馈)的电压放大倍数，即开环电压放大倍数；$1+\dot{A}_u\dot{F}$ 为反馈深度，它的大小决定了负反馈改善放大器性能的程度。

(2) 反馈系数：

$$\dot{F}_u=\frac{R_{F1}}{R_f+R_{F1}} \tag{2-4-2}$$

(3) 输入电阻：

$$R_{if}=(1+\dot{A}_u\dot{F}_u)R_i \tag{2-4-3}$$

式中，R_i 为基本放大器的输入电阻。

(4)输出电阻：

$$R_{of}=\frac{R_o}{1+A_{uo}\dot{F}_u} \tag{2-4-4}$$

式中，R_o 为基本放大器的输出电阻；$\dot{A}_{uo}$ 为基本放大器 $R_L=\infty$时的电压放大倍数。

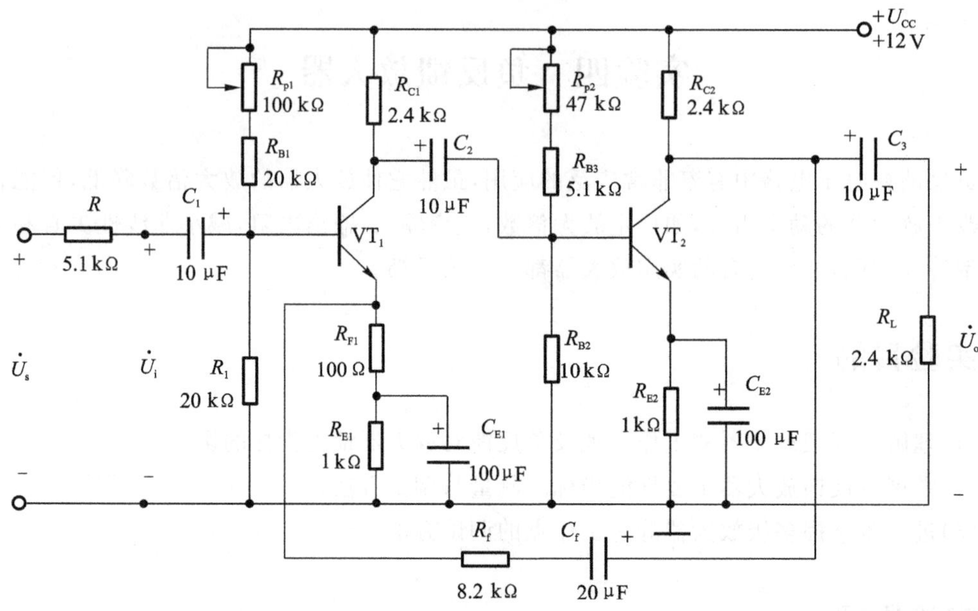

图 2-4-1　带有电压串联负反馈的两级阻容耦合放大器

2. 测量基本放大器的动态参数

怎样实现无反馈而得到基本放大器的动态参数呢？不能简单地断开反馈支路，而是要去掉反馈作用，但又要把反馈支路的影响（负载效应）考虑到基本放大器中去。为此：

（1）在画基本放大器的输入回路时，因为是输出端电压负反馈，所以可将负反馈放大器的输出端交流短路，即令 $u_o=0$，此时 R_f 相当于并联在 R_{F1} 上。

（2）在画基本放大器的输出回路时，由于输入端是串联负反馈，因此需将反馈放大器的输入端（VT_1 管的射极）开路，此时 R_f+R_{F1} 相当于并联在输出端。

根据上述规律，就可得到所要求的如图 2-4-2 所示的基本放大器。

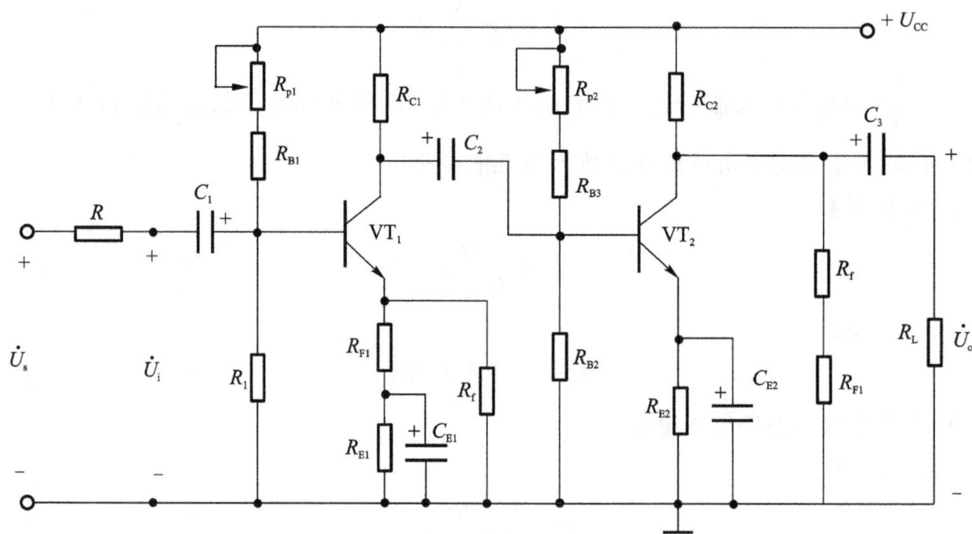

图 2-4-2　无反馈的基本放大器

三、实验设备与器件

(1)+12 V 直流电源 1 台；
(2)函数信号发生器 1 台；
(3)双踪示波器 1 台；
(4)交流毫伏表 1 块；
(5)数字万用表 1 块；
(6)模拟电子线路实验箱 1 套；
(7)晶体三极管 3DG6×2（β=50～100）或 9011×2；
(8)电阻、电容若干。

四、实验内容

1. 测量静态工作点

按图 2-4-1 连接实验电路，取 $V_{CC}=+12$ V，$U_i=0$，用数字万用表分别测量第一级、第二级的静态工作点，并记入表 2-4-1 中。

表 2-4-1 静态工作点记录

级　数	U_B/V	U_E/V	U_C/V	I_C/mA
第一级				
第二级				

2. 测试基本放大器的各项性能指标

将实验电路按图 2-4-2 改接，把 R_f 断开后分别并联在 R_{F1} 和 R_L 上，其他连线不动。

(1)测量中频电压放大倍数 $\dot{A}_u$、输入电阻 R_i 和输出电阻 R_o。

①将 f= 1 kHz、u_s 约 5 mV 的正弦信号输入放大器，用示波器监视输出波形 u_o，在 u_o 不失真的情况下，用交流毫伏表测量 U_s、U_i、U_L，测量值记入表 2-4-2 中。

②保持 U_s 不变，断开负载电阻 R_L（注意 R_f 不要断开），测量空载时的输出电压 U_o，记入表 2-4-2 中。

表 2-4-2 基本放大器和负反馈放大器的各项性能指标记录

类型	测　量　值				计　算　值		
基本放大器	U_s/mV	U_i/mV	U_L/V	U_o/V	$\dot{A}_u$	R_i/kΩ	R_o/kΩ
负反馈放大器					$\dot{A}_{uf}$	R_{if}/kΩ	R_{of}/kΩ

(2)测量通频带。

接上 R_L，保持中的 u_s 不变，然后增加和减小输入信号的频率，找出上、下限频率 f_H 和 f_L，记入表 2-4-3 中。

表 2-4-3 基本放大器和负反馈放大器的上、下限频率指标记录

基本放大器	f_L/kHz	f_H/kHz	BW/kHz
负反馈放大器	f_{Lf}/kHz	f_{Hf}/kHz	BW_f/kHz

3. 测试负反馈放大器的各项性能指标

将实验电路恢复为图 2-4-1 所示的负反馈放大器，适当加大 u_s（约 10 mV），在输出波形不失真的条件下，测量负反馈放大器的 $\dot{A}_{uf}$、R_{if} 和 R_{of}，记入表 2-4-2 中；测量 f_{Hf} 和 f_{Lf}，记入表 2-4-3中。

4. 观察负反馈对非线性失真的改善

(1)将实验电路改接成基本放大器形式。在输入端加入 $f=1$ kHz 的正弦信号，输出端接示波器，逐渐增大输入信号的幅度，使输出波形开始出现失真，记下波形开始失真时的波形和输出电压的幅度。

(2)再将实验电路改接成负反馈放大器形式。增大输入信号幅度，使输出电压幅度的大小与步骤(1)的相同，比较有负反馈时，输出波形的变化。

五、实验注意事项

(1)检查模拟电子电路实验箱是否能正常工作(电源是否通电，三极管是否损坏，可变电阻能否调整)。

(2)按图 2-4-1 接线，检查无误后通电。

(3)也可以采用仿真实验进行模拟，在计算机上采用 Multisim10 软件进行电路连接、调试和测量。

(4)必须将基本放大器和负反馈放大器动态参数的实测值和理论计算值列表进行比较。

(5)应根据实验结果，总结出电压串联负反馈对放大器性能的影响。

六、思考题

(1)按图 2-4-1 实验电路估算放大器的静态工作点(取 $\beta_1=\beta_2=100$)。

(2)怎样把负反馈放大器改接成基本放大器？为什么要把 R_f 并联在输入和输出端？

(3)估算基本放大器的 $\dot{A}_u$、R_i 和 R_o，估算负反馈放大器的 $\dot{A}_{uf}$、R_{if} 和 R_{of}，并验算它们之间的关系。

(4)如输入信号存在失真，能否用负反馈来改善？

第三部分

数字电子技术实验

本部分由基本门电路实验、小系统设计、可编程逻辑电路实验等部分组成。本部分实验课程训练的目的是使学生了解基本门电路的工作原理及常用电路组成，掌握基本的逻辑分析和设计方法，养成规范设计的工作习惯，以实验促进理论学习的同时强调实践能力的培养，要求学生在掌握基本的数字电路实验的基础上，能进行数字电路设计实验，掌握数字电路设计实验的一般设计方法。

实验一　TTL 集成门电路测试

一、实验目的

(1)掌握 TTL 集成门电路的逻辑功能。

(2)掌握 TTL 集成门电路的主要参数测试方法。

(3)掌握检测常用集成门电路好坏的简易方法。

(4)熟悉 TTL 中、小规模集成电路的外形、管脚及使用方法。

二、实验原理

1. TTL 与非门的逻辑功能

与非门的逻辑功能是:当输入端中有一个或一个以上是低电平时,输出端为高电平;只有当输入端全部为高电平时,输出端才是低电平(即有“0”得“1”,全“1”得“0”)。其逻辑表达式为 $Y=\overline{ABC\cdots}$

2. TTL 与非门的主要参数

TTL 与非门的主要参数有输出高电平 U_{OH}、输出低电平 U_{OL}、扇出系数 N_O、电压传输特性和平均传输延迟时间 t_{pd} 等。注意:不同型号的集成门电路的测试条件及规范值是不同的。

(1)TTL 与非门电路的输出高电平 U_{OH}。

U_{OH} 是与非门有一个或多个输入端接地或接低电平时的输出电压值,此时与非工作管处于截止状态。空载时,U_{OH} 的典型值为 3.4～3.6 V,接拉电流负载时,U_{OH} 下降。

(2)TTL 与非门电路的输出低电平 U_{OL}。

U_{OL} 是与非门所有输入端都接高电平时的输出电压值,此时与非工作管处于饱和导通状态。空载时,它的典型值约为 0.2 V,接灌电流负载时,U_{OL} 将上升。

(3)TTL 与非门电路的输入短路电流 I_{is}。

I_{is} 是指当输入端接地,其余端悬空,输出端空载时,输入端的电流值,测试电路图如图3-1-1。

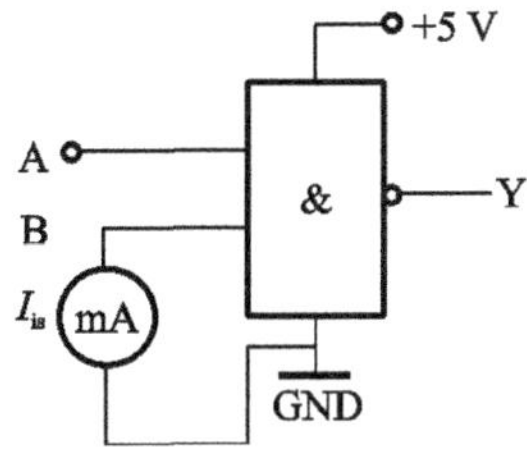

图 3-1-1　I_{is} 的测试电路图

3. TTL 与非门电路电压传输特性

门的输出电压 U_o 随输入电压 U_i 变化而变化的曲线称为门的电压传输特性曲线，通过它可读得门电路的一些重要参数。采用逐点测试法，逐点测得 U_i 及 U_o，然后绘成曲线。测试电路如图 3-1-2 所示。

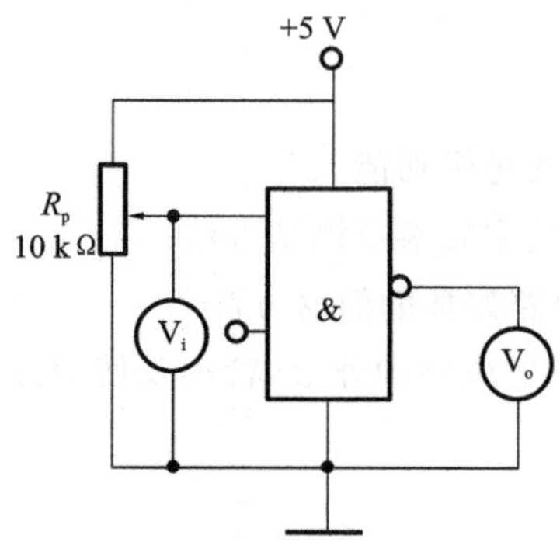

图 3-1-2　电压传输特性测试电路图

4. 检测常用集成门电路好坏的简易方法

在未加电源时，利用万用表的电阻挡检查各管脚之间是否有短路现象。加电源，利用万用表的电压挡首先检查集成电路是否通电，然后再利用门电路的逻辑功能检查电路好坏。例如：与非门逻辑功能是"有低出高，全高出低"。对于 TTL 与非门，若将全部输入端悬空测得输出电压为 0.1 V 左右，将任一输入端接地测得输出电压为 3 V 左右，则说明该门是好的。

三、实验设备与器件

(1)数字电路实验箱 1 套；

(2)数字万用表 1 块；

(3)74LS00、74LS86、74LS55 集成芯片等。

四、实验内容

1. 测试 TTL 与非门(74LS00)的逻辑功能

(1)集成电路的管脚图如图 3-1-3 所示，标"V_{CC}"的管脚接电源＋5 V，标"GND"的管脚接电源"地"，集成电路才能正常工作。门电路的输入端接入高电平(逻辑 1 态)或低电平(逻辑 0 态)，可由实验箱逻辑电平开关 K 实现，门电路的输入端接逻辑电平指示灯 L，根据指示灯 L 的亮或灭来判断输出电平的高低。

(2)实验线路如图 3-1-4 所示，与非门的输入端 A、B 分别接实验箱中逻辑电平开关 K_1、K_2，拨动开关即可输入逻辑 0 态或者逻辑 1 态。输出端 F 接实验箱中逻辑电平指示灯 L_1，当 L_1亮时，输出为逻辑 1 态，不亮时则输出为逻辑 0 态，并将测试结果填入真值表3-1-1中。

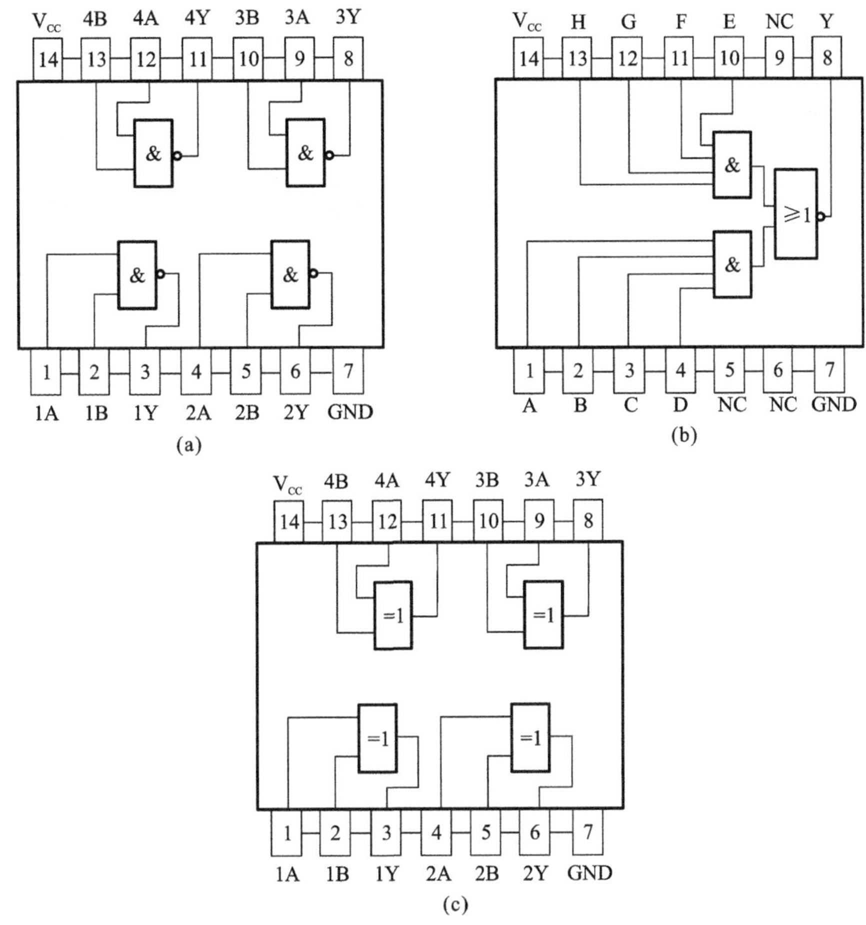

图 3-1-3　集成电路管脚图

(a)74LS00 引脚图；(b)74LS55 引脚图；(c)74LS86 引脚图

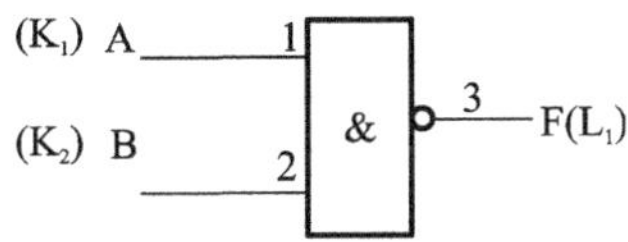

图 3-1-4　TTL 与非门

表 3-1-1　与非门真值表

输　入		输　出
A	B	F
0	0	
0	1	
1	0	
1	1	

(3)用数字万用表逻辑挡检测 TTL 与非门电路的好坏：先将集成电路电源管脚“V_{CC}”和“GND”接通电源，其他管脚悬空，数字万用表的黑表笔接电源“地”。红表笔接门电路的输入端，输入输出应符合逻辑与非门的逻辑关系。例如：若数字万用表测得与非门(74LS00)两输

入端都为逻辑 1 态，则输出应为逻辑 0 态，如果逻辑关系不对，可判断门电路坏了。

2. 测试 TTL 与或非门(74LS55)的逻辑功能

(1)实验线路如图 3-1-5 所示，测试方法和步骤与与非门的基本相同，输入端 A、B、C、D 分别接四个逻辑开关，输出端接电平指示灯。

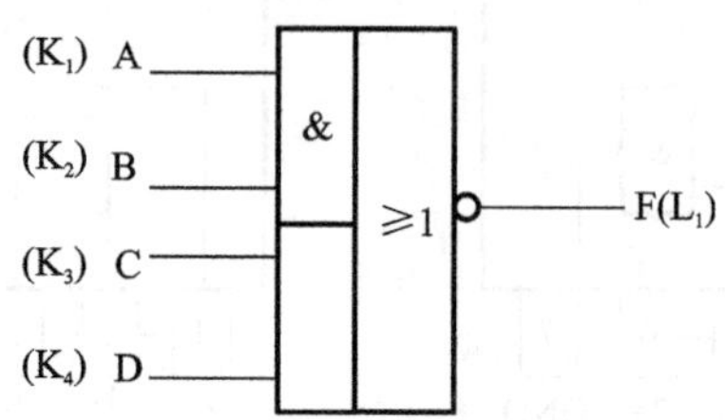

图 3-1-5　TTL 与或非门

(2)将测试结果填入真值表 3-1-2 中，并写出输出 F 的逻辑表达式：F=＿＿＿＿＿＿＿＿＿＿＿＿。

表 3-1-2　TTL 与或非门真值表

输入				输出
A	B	C	D	F
0	0	0	0	
0	0	0	1	
0	0	1	0	
0	0	1	1	
0	1	0	0	
0	1	0	1	
0	1	1	0	
0	1	1	1	
1	0	0	0	
1	0	0	1	
1	0	1	0	
1	0	1	1	
1	1	0	0	
1	1	0	1	
1	1	1	0	
1	1	1	1	

3. 测试 TTL 异或门(74LS86)的逻辑功能

实验线路如图 3-1-6 所示。测试方法和步骤同与或非门的相同。将测试结果填入真值表 3-1-3 中，并写出输出 F 的逻辑表达式：F=＿＿＿＿＿＿＿＿＿＿＿＿。

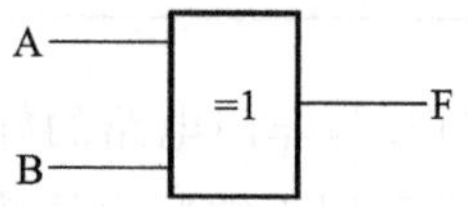

图 3-1-6　TTL 异或门

表 3-1-3　异或门真值表

输　入		输　出
A	B	F
0	0	
0	1	
1	0	
1	1	

*4. 测试 TTL 与非门电压传输特性

(1)选用 TTL 与非门(74LS00),实验线路如图 3-1-7 所示,输入电压 U_i 接 0～+5 V 可调的直流电压信号(注:TTL 门电路输入电压值应为 0～+5 V),用数字万用表分别测量 U_i 与 U_o 的对应值,并将测试结果填入表 3-1-4 中。

表 3-1-4　输入电压 U_i 与输出电压 U_o 对应关系

U_i/V	0	0.2	0.4	0.6	0.8	1	1.2	1.4	1.6	1.8	2
U_o/V											

(2)根据表 3-1-4 所列的数据,在图 3-1-8 中画出电压传输特性曲线,并由作图法近似地找出阈值电压 U_{th} = ________。

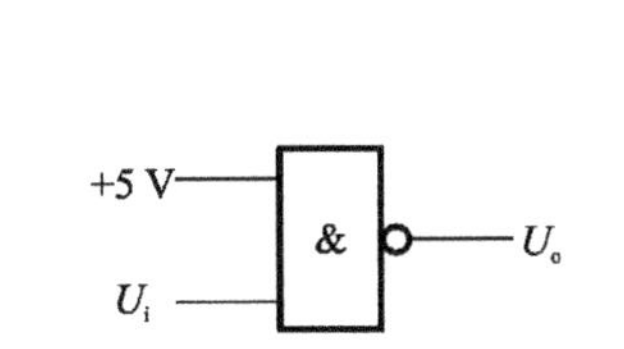

图 3-1-7　TTL 与非门电压传输特性测试

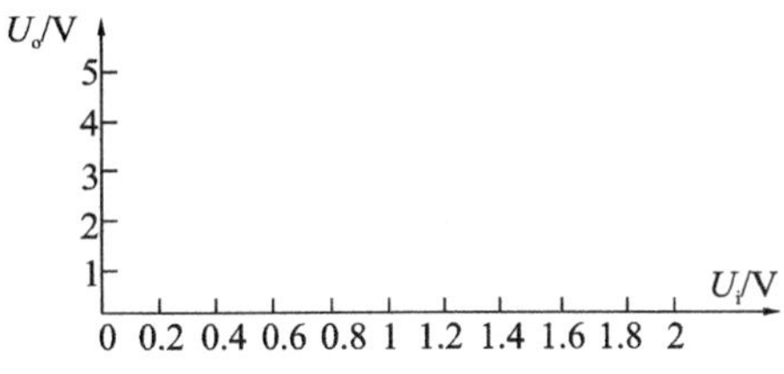

图 3-1-8　电压传输特性曲线

五、实验注意事项

(1)接插集成块时,要认清定位标记,不得插反。

(2)电源极性绝对不允许接错。

(3)输出端不允许并联使用(集电极开路门和三态输出门电路除外),否则不仅会使电路逻辑功能混乱,并会导致器件损坏。

六、思考题

(1)与非门什么情况下输出高电平,什么情况下输出低电平?

(2)与非门不用的输入端应如何处理?输出端是否可以直接接地或接 5 V 电源?

实验二　组合逻辑电路的设计与测试

一、实验目的

(1)掌握用与非门组成简单电路的方法,并测试其逻辑功能。

(2)掌握用基本逻辑门设计组合电路的方法。

二、实验原理

数字电路按逻辑功能和电路结构的不同,可分为组合逻辑电路和时序逻辑电路两大类。组合逻辑电路是根据给定的逻辑问题,用小规模集成电路实现组合逻辑电路,设计出能实现逻辑功能的电路,要求是使用的芯片最少,连线最少。一般设计步骤如下:

(1)根据实际情况确定输入变量、输出变量的个数,列出逻辑真值表;

(2)根据真值表,一般采用卡诺图进行化简,得出逻辑表达式;

(3)如果已对器件类型有所规定或限制,则应将逻辑表达式变换成与器件类型相适应的形式;

(4)根据化简或变换后的逻辑表达式,画出逻辑电路图;

(5)根据逻辑电路图,查找所用集成器件的管脚图,将管脚号标在电路图上,再接线验证。

三、实验设备与器件

(1)数字实验箱1套;

(2)74LS00 1块、74LS20 3块,导线若干。

四、实验内容

1.用与非门实现异或门的逻辑功能

(1)用集成芯片74LS00和74LS20(74LS20引脚图如图3-2-1所示),按图3-2-2连接电路(自己设计接线脚标),A、B接输入逻辑,F接输出逻辑显示,检查无误后开启电源。

(2)按表3-2-1的要求进行测量,将输出端F的逻辑状态填入表内。

(3)由逻辑真值表,写出该电路的逻辑表达式F=________________。

表 3-2-1　输出真值表

输　　入		输　　出
A	B	F
0	0	
0	1	
1	0	
1	1	

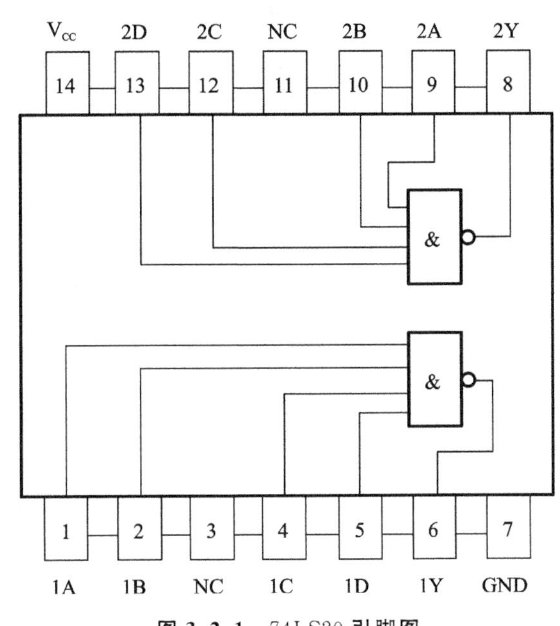

图 3-2-1　74LS20 引脚图

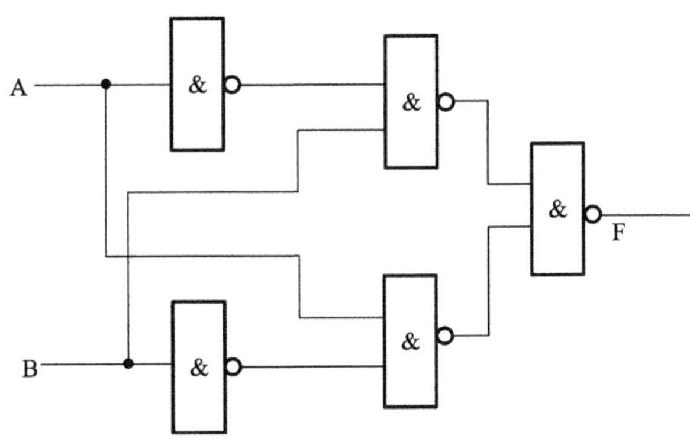

图 3-2-2　与非门搭建异或门电路

2. 用与非门组成三路表决器

(1)用 74LS00 和 74LS20 组成三路表决器，按图 3-2-3 连接电路(自己设计接线脚标)，A、B、C 接输入逻辑，F 接输出逻辑显示，检查无误后开启电源。

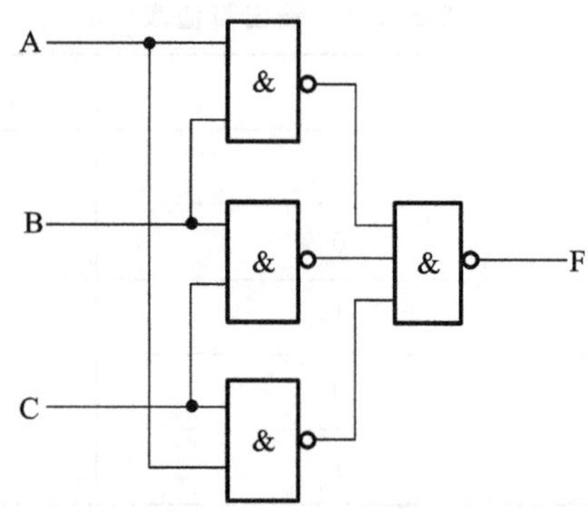

图 3-2-3　三路表决器电路

(2)按表 3-2-2 的要求进行测量,将输出端 F 的逻辑状态填入表内。

表 3-2-2　三路表决器真值表

输　入			输　出
A	B	C	F
0	0	0	
0	0	1	
0	1	0	
0	1	1	
1	0	0	
1	0	1	
1	1	0	
1	1	1	

3. 用与非门组成四路表决器

设计一个四变量的多路表决器。当输入变量 A、B、C、D 有三个或三个以上为 1 时,输出端 Y 为 1,否则输出端 Y 为 0。设计步骤如下。

(1)四个输入端为 A、B、C、D,输出端为 Y。

(2)由卡诺图(见图 3-2-4)得出最简表达式,并整理成"与非"形式。

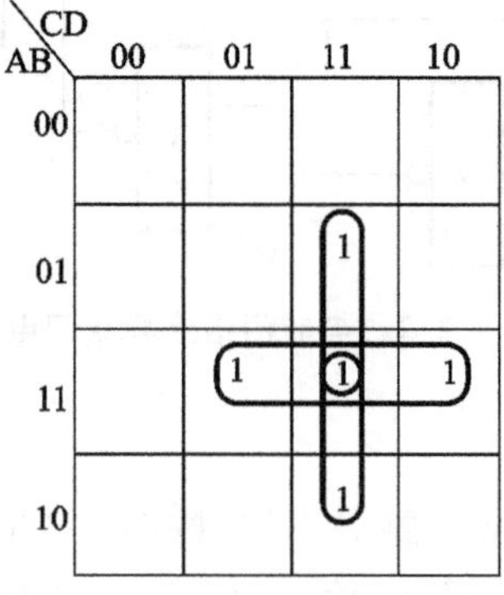

图 3-2-4　四路表决器卡诺图

$$Y = ABC + BCD + ACD + ABD$$
$$= \overline{\overline{ABC} \cdot \overline{BCD} \cdot \overline{ACD} \cdot \overline{ABD}}$$

(3)用 74LS20 与非门实现四路表决器，按照图 3-2-5 连接实验电路(自己设计接线脚标)，并将测试结果填入表 3-2-3。

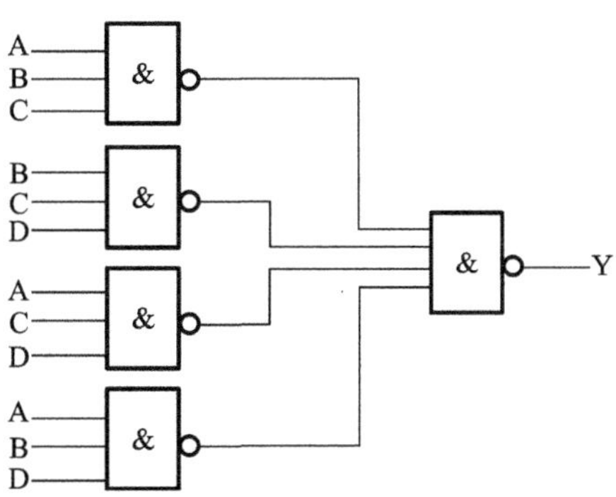

图 3-2-5　四路表决器电路

表 3-2-3　四路表决器真值表

输　入				输　出
A	B	C	D	F

五、实验注意事项

(1)接插集成块时，要认清定位标记，不得插反。

(2)电源极性绝对不允许接错。

六、思考题

(1)为什么能够用与非门实现以上组合电路？

(2)当没有所需的或非门时，可否用与非门代替？

实验三　加法器设计与测试

一、实验目的

(1)掌握用基本逻辑门组成半加器、全加器的方法,并学会 74LS283 四位二进制全加器的使用方法。

(2)用实验验证所设计电路的逻辑功能。

二、实验原理

计算机完成各种复杂运算的基础是算术加法运算,完成加法运算的电路是加法器。仅完成两个一位二进制数相加的运算称为半加,实现半加的电路称为半加器。若半加器的被加数为 A,加数为 B,本位的和为 S,进位为 C,根据真值表可得

$$S=A\oplus B\quad C=AB$$

逻辑电路如图 3-3-1 所示。全加器除了被加数 A_1 和加数 B_1 之外,还有来自相邻低位的进位 C_0,本位的和 S_1、进位 C_1,根据真值表可得

$$S_1=A_1\oplus B_1\oplus C_0\qquad C=A_1B_1+C_0(A_1\oplus B_1)$$

逻辑电路如图 3-3-2 所示。

三、实验设备与器件

(1)数字实验箱 1 套;

(2)74LS00 1 块、74LS86 1 块、74LS55 1 块、74LS283 1 块,导线若干。

四、实验内容

1. 测量半加器的逻辑功能

(1)用集成芯片 74LS00 和 74LS86 组成半加器,按图 3-3-1 连接电路,A、B 接输入逻辑,S、C 接输出逻辑显示,检查无误后开启电源。

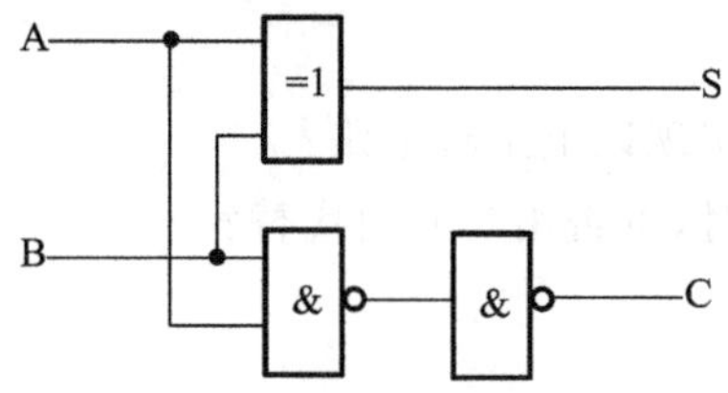

图 3-3-1　半加器逻辑电路

(2)按表 3-3-1 的要求进行测量，将输出端 S 和 C 的逻辑状态填入表内。

表 3-3-1　半加器真值表

输入		输出	
A	B	S	C
0	0		
0	1		
1	0		
1	1		

2. 测量全加器的逻辑功能

(1)用集成芯片 74LS00、74LS55 和 74LS86 组成全加器，并按图 3-3-2 连接电路，检查线路无误后，再开启电源。

(2)按表 3-3-2 的输入要求测量全加器的逻辑功能，将输出端 S_1 和 C_1 的逻辑状态填入表内。

表 3-3-2　全加器真值表

输入			输出	
A_1	B_1	C_0	S_1	C_1
0	0	0		
0	0	1		
0	1	0		
0	1	1		
1	0	0		
1	0	1		
1	1	0		
1	1	1		

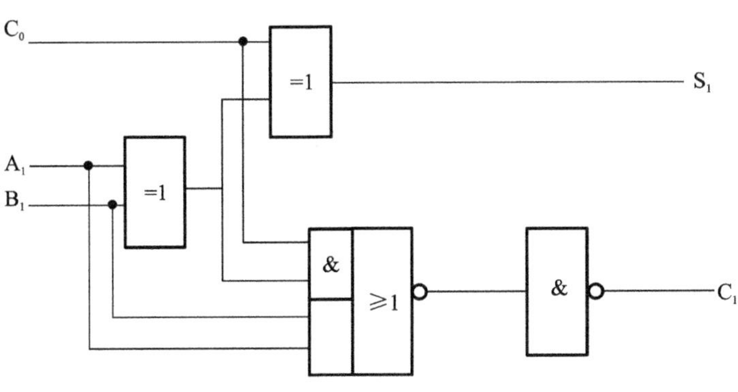

图 3-3-2　全加器逻辑电路

3. 测量四位二进制全加器的逻辑功能

(1)集成芯片 74LS283 的电路管脚图如图 3-3-3 所示，CO 是进位的输出端，CI 是进位的输入端。为了减少输入、输出的接线，选定 $A_1 = A_3$、$A_2 = A_0$、$B_1 = B_3$、$B_2 = B_0$，输入端 A_1/A_3、A_2/A_0、B_1/B_3、B_2/B_0 分别接四个输入逻辑电平。CI 进位输入“1”或“0”(接＋5 V或接地)，输出 S_0、S_1、S_2、S_3、CO 分别输出逻辑显示，检查线路无误后，开启电源。

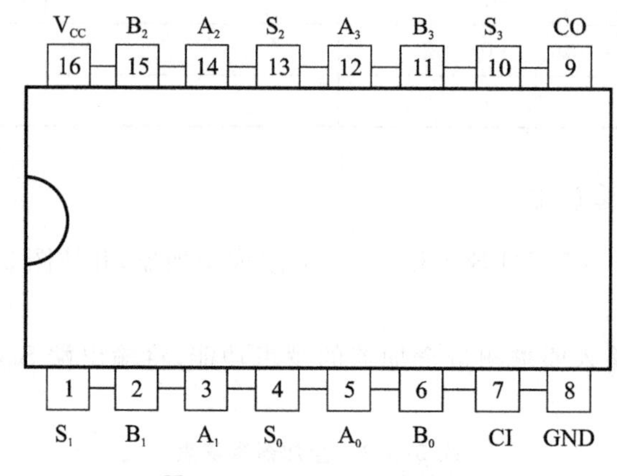

图 3-3-3　74LS283 引脚图

(2)按表 3-3-3 的输入要求进行测量，将测量结果填入表内。

表 3-3-3　四位二进制全加器真值表

输入				输出									
				CI=0					CI=1				
A_0/A_2	B_0/B_2	A_1/A_3	B_1/B_3	CO	S_3	S_2	S_1	S_0	CO	S_3	S_2	S_1	S_0
0	0	0	0										
0	0	0	1										
0	0	1	0										
0	0	1	1										
0	1	0	0										
0	1	0	1										
0	1	1	0										
0	1	1	1										
1	0	0	0										
1	0	0	1										
1	0	1	0										
1	0	1	1										
1	1	0	0										
1	1	0	1										
1	1	1	0										
1	1	1	1										

五、实验注意事项

(1)接插集成块时,要认清定位标记,不得插反。

(2)电源极性绝对不允许接错。

(3)电路设计应先标注引脚号,再进行实验操作。

六、思考题

测试 74LS283 集成芯片的逻辑功能,说明超前进位加法器的优点。

实验四　触发器逻辑功能测试

一、实验目的

(1)了解触发器构成方法和工作原理。
(2)熟悉各类触发器的功能和特性。
(3)掌握不同电路结构的触发器的动作特点。
(4)熟悉触发器之间相互转化的方法。

二、实验原理

触发器是一个具有记忆功能的二进制信息存储器件,是组成时序电路的最基本单元,也是数字电路中另一种重要的单元电路,它在数字系统和计算机中有着广泛的应用。触发器具有两个稳定状态,在一定的外界信号作用下,可以从一个稳定状态转到另一个稳定状态。在实际工作中,集成触发器因其高速和使用灵活方便的特性,不仅作为独立的集成器件而被大量使用,而且还是组成计数器、移位寄存器和其他时序逻辑电路的基本单元电路。

1. 基本 RS 触发器

由两个与非门交叉耦合构成的基本 RS 触发器,是无时钟控制、低电平直接触发的触发器。基本 RS 触发器具有置“0”、置“1”和“保持”三种功能。基本 RS 触发器也可以用两个或非门组成,此时为高电平触发有效。

2. JK 触发器

在输入信号为双端输入的情况下,JK 触发器是功能完善、使用灵活和通用性较强的一种触发器。J 和 K 是数据输入端,是触发器状态更新的依据,若 J、K 有两个或两个以上输入端,则它们组成“与”关系。JK 触发器的状态转换如图 3-4-1 所示。

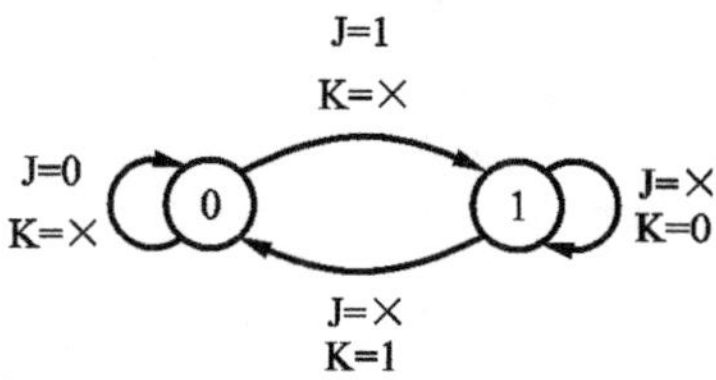

图 3-4-1　JK 触发器的状态转换

3. D 触发器

凡在时钟信号作用下,逻辑功能符合表 3-4-1 所示特性表所规定的逻辑功能的触发器,称为 D 触发器。D 触发器在时钟脉冲 CP 的前沿(正跳变)发生翻转,信号 Q 随 D 的变化而变化。D 触发器的状态转换如图 3-4-2 所示。

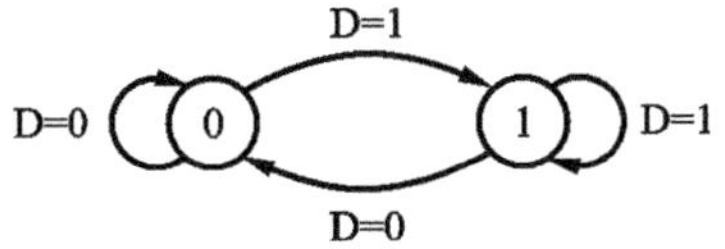

图 3-4-2　D 触发器的状态转换

表 3-4-1　D 触发器的特性表

D	Q^n	Q^{n+1}
0	0	0
0	1	0
1	0	1
1	0	1

4. T 触发器

凡在时钟信号作用下，根据输入信号 T 取值的不同，具有保持和翻转功能的触发器，称为 T 触发器。T 触发器的状态转换如图 3-4-3 所示。

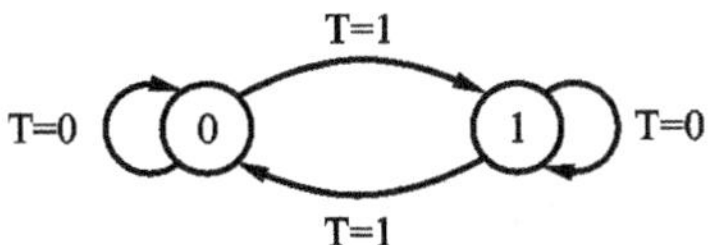

图 3-4-3　T 触发器的状态转换图

5. 触发器之间的相互转换

比较 JK、RS、T 三种类型触发器的特性可看出，JK 触发器的逻辑功能最强，它包含了 RS 触发器和 T 触发器的所有逻辑功能。因此在需要使用 RS 触发器和 T 触发器的场合完全可以用 JK 触发器来代替。目前生产的触发器定型产品中只有 JK 触发器和 D 触发器这两大类。其实，在集成触发器产品中，每一种触发器都有自己固定的逻辑功能，但可以利用转换的方法获得具有其他功能的触发器。触发器的功能转换表如表 3-4-2 所示。

表 3-4-2　触发器的功能转换表

原触发器	转换成				
	T 触发器	T′触发器	D 触发器	JK 触发器	RS 触发器
D 触发器	$D=T\oplus Q^n$	$D=\overline{Q^n}$	—	$D=J\,\overline{Q^n}\oplus\overline{K}Q^n$	$D=S\oplus\overline{R}Q^n$
JK 触发器	$J=K=T$	$J=K=1$	$J=D,K=\overline{D}$	—	$J=S,K=R$ 约束条件：$SR=0$
RS 触发器	$R=TQ^n$ $S=T\,\overline{Q^n}$	$R=Q^n$ $S=\overline{Q^n}$	$R=\overline{D}$ $S=D$	$R=KQ^n$ $S=J\,\overline{Q^n}$	—

6. 触发器的电路结构和逻辑功能、触发方式的关系

触发器的逻辑功能和电路结构形式是两个不同的概念，触发器的电路结构和逻辑功能

之间不存在固定的对应关系。同一种逻辑功能的触发器可以用不同的电路结构实现，同一种电路结构形式可以做成不同逻辑功能的触发器。例如，维持阻塞结构电路，既可以做成RS触发器和D触发器，也可以做成JK触发器。

因为电路的触发方式是由电路的结构形式决定的，所以电路结构形式与触发方式之间有固定的对应关系。凡是采用同步RS结构的触发器，无论其逻辑功能如何，一定是电平触发方式；凡是采用主从RS结构的触发器，无论其逻辑功能如何，一定是脉冲触发方式；凡是采用两个电平触发的D触发器结构、维持阻塞结构或者利用门电路传输延迟时间结构组成的触发器，无论其逻辑功能如何，一定是边沿触发方式。

三、实验设备与器件

(1)数字电路实验箱1套；

(2)74LS00(或CC4011)、74LS74(或CC4013)、74LS76等集成芯片，导线若干。

四、实验内容

1. 基本RS触发器功能测试

用两个TTL与非门首尾相接构成的基本RS触发器电路如图3-4-4所示，按表3-4-3在输入端加信号，观测并记录触发器的Q端的状态，将结果填入表3-4-3。并说明在上述各种输入状态下，触发器执行的是什么功能。

表3-4-3　基本RS触发器真值表

$\overline{S}$	$\overline{R}$	Q	$\overline{Q}$	逻辑功能
0	0			
0	1			
1	0			
1	1			

2. D触发器功能测试

双D型触发器74LS74的逻辑引脚图如图3-4-5所示。$\overline{S_D}$、$\overline{R_D}$为异步置“1”端、置“0”端(或称异步置位、复位端)，CP为时钟脉冲端。按表3-4-4要求进行测试，并记录填表。

表3-4-4　双D型触发器测试表

$\overline{S_D}$	$\overline{R_D}$	CP	D	Q	$\overline{Q}$
0	1	—	—		
1	0	—	—		
0	0	—	—		
1	1	1	—		
1	1	↑	0		
1	1	↑	1		

3. JK 触发器功能测试

双 JK 型触发器 74LS76 的逻辑引脚图如图 3-4-6 所示。按表 3-4-5 要求进行测试，并记录填表。

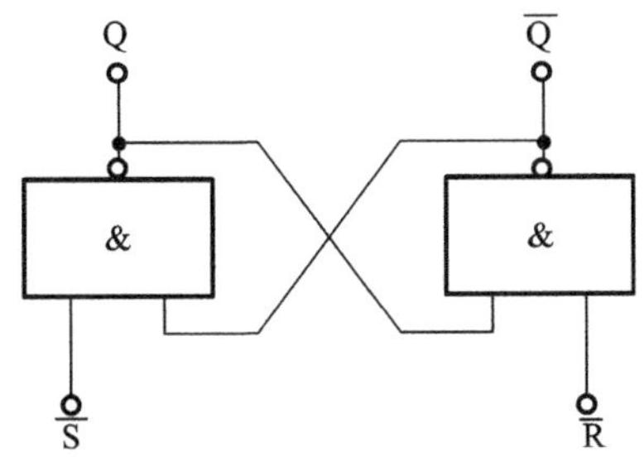

图 3-4-4　基本 RS 触发器电路

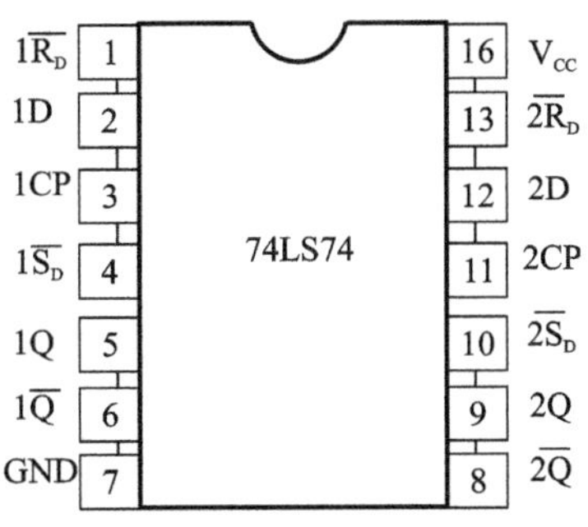

图 3-4-5　74LS74 芯片引脚图

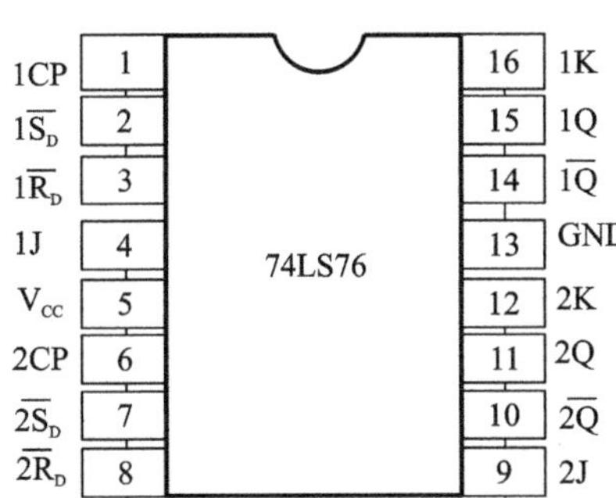

图 3-4-6　74LS76 芯片引脚图

表 3-4-5　双 JK 型触发器测试表

$\overline{S_D}$	$\overline{R_D}$	CP	J	K	Q	$\overline{Q}$
0	1	—	—	—		
1	0	—	—	—		
0	0	—	—	—		
1	1	↓	0	0		
1	1	↓	0	1		
1	1	↓	1	0		
1	1	↓	1	1		
1	1	1	—	—		

4. 触发器功能转换

将 D 触发器和 JK 触发器转换成 T 触发器，列出表达式，画出实验电路图；接入连续脉冲，按表 3-4-6 要求进行测试，并记录填表。

表 3-4-6　触发器转换测试表

$\overline{S_D}$	$\overline{R_D}$	CP	T	Q	$\overline{Q}$
1	1	←	0		
1	1	←	1		
1	1	1	—		

五、实验注意事项

(1)接插集成块时,要认清定位标记,不得插反。

(2)电源极性绝对不允许接错。

(3)电路设计应先标注引脚号,再进行实验操作。

六、思考题

(1)画出各部分实验接线图,整理实验结果,说明基本 RS 触发器、D 触发器、JK 触发器的逻辑功能。

(2)叙述各触发器之间的转换方法。

实验五 译码器及数据选择器的应用

一、实验目的

(1)掌握译码器(74LS138)的逻辑功能和使用方法。

(2)掌握数据选择器(74LS151)的逻辑功能和使用方法。

二、实验原理

译码器和数据选择器都属于中规模集成器件,中规模集成器件多数是专用的功能器件,具有某种特定的逻辑功能,采用这些功能器件实现组合逻辑函数时,大多采用逻辑函数对比法。

一般情况下,使用译码器和附加的门电路实现多输出逻辑函数比较方便,而使用数据选择器实现单输出逻辑函数比较方便。

1. 译码器

一个 n 变量的译码器的输出包含了 n 变量的所有最小项。例如,如图 3-5-1 所示是 3 线/8 线译码器(74LS138),有三个选通端 S_1、$\overline{S}_2$ 和 $\overline{S}_3$,只有当 $S_1=1$、$\overline{S}_2+\overline{S}_3=0$ 时,译码器才被选通,否则,译码器被禁止,所有的输出端被封锁在高电平。利用选片作用也可以将多片译码器连接起来以扩展译码器的功能。8 个输出包含 3 个变量的全部最小项的译码。用 n 变量译码器加上与非门电路,就能获得任何形式的输入变量不大于 n 的组合逻辑电路。

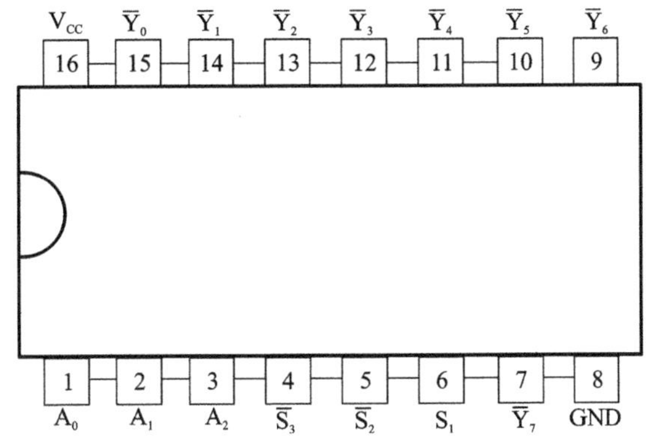

图 3-5-1 74LS138(3 线/8 线译码器)

2. 数据选择器

一个有 n 个地址端的数据选择器,具有对 2^n 个数据进行选择的功能。例如,八选一数据选择器(74LS151),如图 3-5-2 所示,$n=3$,可完成八选一的功能,如表 3-5-1 所示。由真值表可写出：

$$Y=\overline{A_2}\ \overline{A_1}\ \overline{A_0}D_0+\overline{A_2}\ \overline{A_1}A_0D_1+\overline{A_2}A_1\ \overline{A_0}D_2+\overline{A_2}A_1A_0D_3+A_2\ \overline{A_1}\ \overline{A_0}D_4+A_2\ \overline{A_1}A_0D_5+A_2A_1\ \overline{A_0}D_6+A_2A_1A_0D_7$$

数据选择器又称多开路开关，其功能是在多路并行传输数据中选通一路送到输出线上。

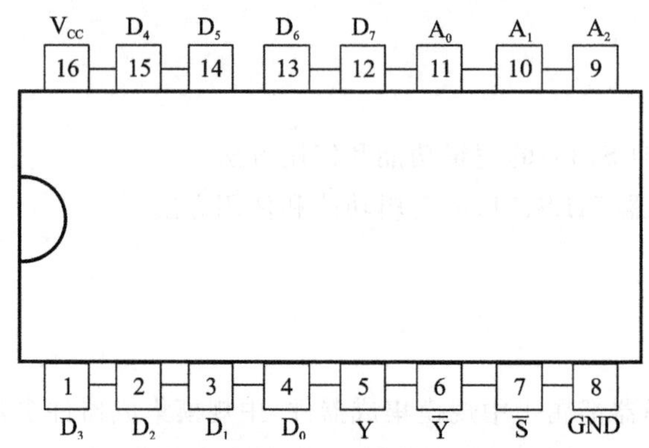

图 3-5-2　74LS151(八选一数据选择器)

表 3-5-1　74LS151 功能表

控　　制	输　　入	输　　出
$\overline{S}$	A_2　A_1　A_0	Y　$\overline{Y}$
1	×　×　×	0　1
0	0　0　0	D_0　$\overline{D_0}$
0	0　0　1	D_1　$\overline{D_1}$
0	0　1　0	D_2　$\overline{D_2}$
0	0　1　1	D_3　$\overline{D_3}$
0	1　0　0	D_4　$\overline{D_4}$
0	1　0　1	D_5　$\overline{D_5}$
0	1　1　0	D_6　$\overline{D_6}$
0	1　1　1	D_7　$\overline{D_7}$

三、实验设备与器件

(1)数字电路实验箱 1 套；

(2)集成芯片 74LS00、74LS20、74LS138、74LS151 各一块，导线若干。

四、实验内容

1. 三输入变量译码器(74LS138)

(1)功能测试。$A_2A_1A_0$ 是一组三位二进制代码，其中 A_2 权最高，A_0 权最低。按实验电路图 3-5-3 接线，并将实现结果填入功能测试表 3-5-2 中。

表 3-5-2　译码器功能测试表

输　入			输　出							
A_2	A_1	A_0	$\overline{Y}_0$	$\overline{Y}_1$	$\overline{Y}_2$	$\overline{Y}_3$	$\overline{Y}_4$	$\overline{Y}_5$	$\overline{Y}_6$	$\overline{Y}_7$
0	0	0								
0	0	1								
0	1	0								
0	1	1								
1	0	0								
1	0	1								
1	1	0								
1	1	1								

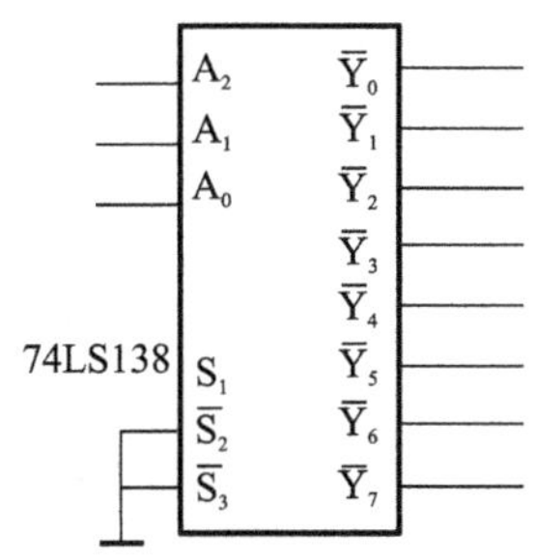

图 3-5-3　74LS138 **功能测试**

(2)用译码器(74LS138)和与非门(74LS20)实现多输出逻辑函数。

$$F_1=A\overline{B}C+\overline{A}(B+C)$$

$$F_2=AC$$

首先进行功能设计并确定实验步骤，如下。

①将函数 F_1 和 F_2 化简为最小项表达式，并进行变换，即：

$$F_1=A\overline{B}C+\overline{A}(B+C)=\overline{A}\overline{B}C+\overline{A}B\overline{C}+\overline{A}BC+A\overline{B}C$$

$$=m_1+m_2+m_3+m_5=\overline{\overline{m_1}\quad\overline{m_2}\quad\overline{m_3}\quad\overline{m_5}}$$

$$F_2=AC=A\overline{B}C+ABC=m_5+m_7=\overline{\overline{m_5}\quad\overline{m_7}}$$

由 3 线/8 线译码器功能表可知，每一个输出信号只对应一个最小项，即：

$$Y_0=m_0, Y_1=m_1, Y_2=m_2, Y_3=m_3, Y_4=m_4, Y_5=m_5, Y_6=m_6, Y_7=m_7$$

则

$$F_1=\overline{\overline{Y_1}\quad\overline{Y_2}\quad\overline{Y_3}\quad\overline{Y_5}}$$

$$F_2=\overline{\overline{Y_5}\quad\overline{Y_7}}$$

②将输入变量 A、B、C 分别加到译码器的地址输入端 $A_2A_1A_0$，将与非门作为 F_1、F_2 的输出门，就可以得到用译码器和与非门实现 F_1、F_2 函数的逻辑电路。

③设计完成电路图 3-5-4，将测试结果填入表 3-5-3 中。

表 3-5-3 译码器函数逻辑表

输入			输出	
A	B	C	F_1	F_2
0	0	0		
0	0	1		
0	1	0		
0	1	1		
1	0	0		
1	0	1		
1	1	0		
1	1	1		

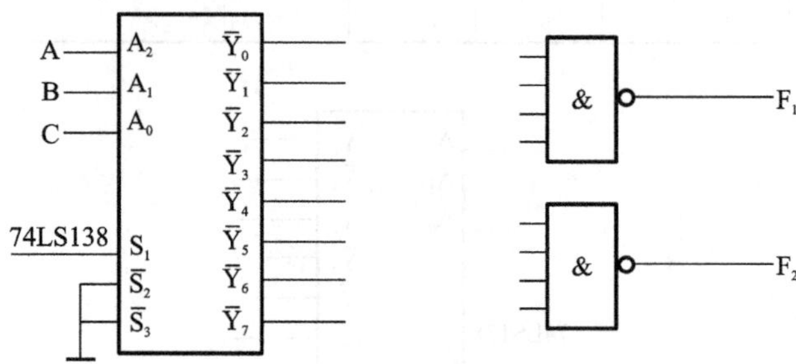

图 3-5-4 译码器函数逻辑电路

2. 八选一数据选择器(74LS151)

(1)功能测试：测试电路如图 3-5-5 所示，$\bar{S}$ 是片选端，$\bar{S}=0$ 时数据选择器工作，否则被禁止。

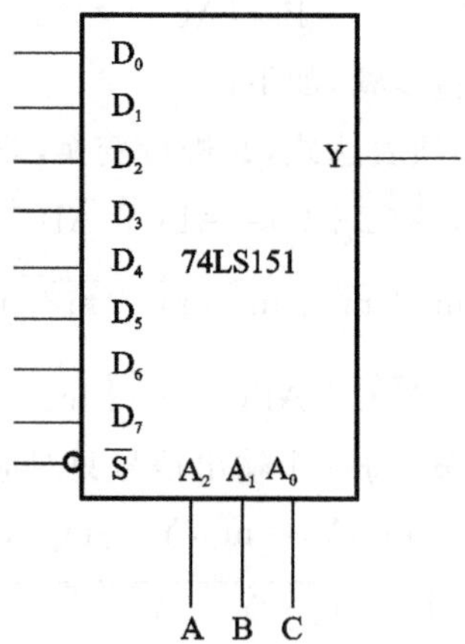

图 3-5-5 八选一数据选择器测试电路

(2)验证 $A_2A_1A_0$ 为 000，D_0 路选通时，D_0 数据由 Y 输出：将 D_0 接逻辑电平，当 D_0 的数据

输入为 0 时，Y 应输出 0；当 D_0 的数据输入为 1 时，Y 应输出 1。其他验证与此类似，并将测试结果记入表 3-5-4 中。

表 3-5-4　选择器功能测试表

片选端	输入			输出
$\overline{S}$	A	B	C	F
0	0	0	0	
0	0	0	1	
0	0	1	0	
0	0	1	1	
0	1	0	0	
0	1	0	1	
0	1	1	0	
0	1	1	1	
1	×	×	×	

五、实验注意事项

(1)接插集成块时，要认清定位标记，不得插反。

(2)电源极性绝对不允许接错。

(3)电路设计应先标注引脚号，再进行实验操作。

六、思考题

分析 74LS138 的 S_1、$\overline{S}_2$、$\overline{S}_3$ 端和 74LS151 的 $\overline{S}$ 端的作用。

实验六　移位寄存器及其应用

一、实验目的

(1)掌握移位寄存器的工作原理及电路组成。

(2)掌握集成芯片 74LS194 的逻辑功能及应用。

二、实验原理

1. 移位寄存器

移位寄存器是一个具有移位功能的寄存器。移位是数字系统和计算机技术中非常重要的一个功能。如二进制数 0101 乘以 2 的运算,可以通过将 0101 左移一位实现;而除以 2 的运算则可通过右移一位实现。

移位寄存器中的数据可以在移位脉冲作用下一次逐位右移或左移,数据既可以并行输入、并行输出,也可以串行输入、串行输出,还可以并行输入、串行输出,串行输入、并行输出,十分灵活,用途也很广。

目前常用的集成移位寄存器种类很多,如 74LS164、74LS165、74LS166、74LS595 均为八位单向移位寄存器,74LS195 为四位单向移位寄存器,74LS194 为四位双向移位寄存器,74LS198 为八位双向移位寄存器。

2. 由触发器构成的简单移位寄存器

由图 3-6-1 可见,CP 脉冲的输入(上升沿起作用)作为同步移位脉冲,数据(码)的移位操作由“左移控制”端控制,数据从串行输入端输入,输出可以是串行输出或并行输出。

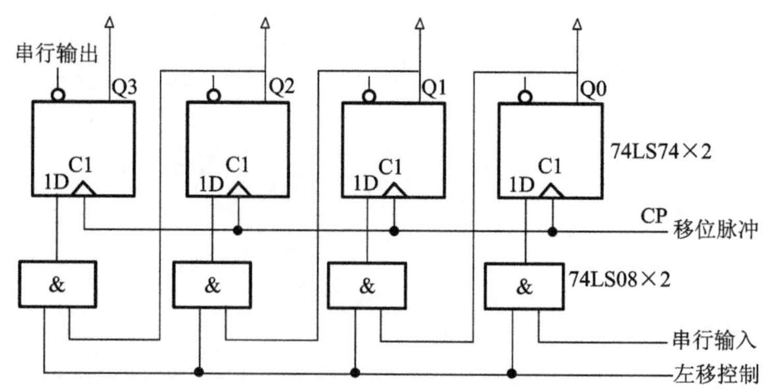

图 3-6-1　四位串行输入,串、并行输出的左移移位寄存器

3. 多功能移位寄存器 74LS194

移位寄存器在应用中需要具有左移、右移、保持、并行输入输出或串行输入输出等多种功能。具有上述多种功能的移位寄存器称为多功能双向移位寄存器。如中规模集成电路74LS194就是具有左、右移位，清零，数据并行输入、并行输出（串行输出）等多种功能的移位寄存器。其逻辑符号及引脚图如图3-6-2所示。表3-6-1所示为74LS194的逻辑功能表。

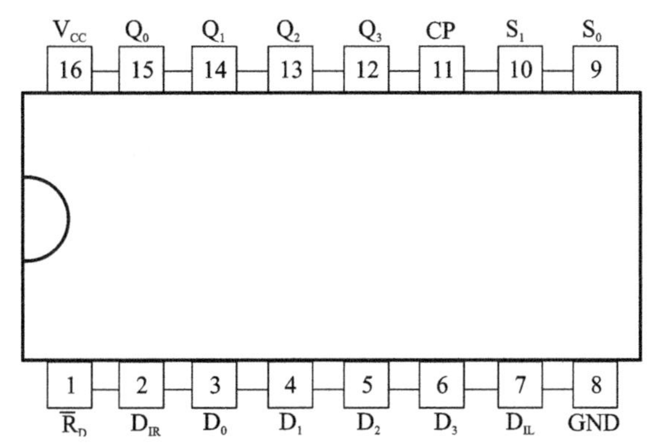

图3-6-2　74LS194的引脚图

表3-6-1　74LS194功能表

输入端										输出端				功能
清零	方式		串行		并行				时钟	Q_0	Q_1	Q_2	Q_3	
$\bar{R}_D$	S_1	S_0	D_{IL}	D_{IR}	D_0	D_1	D_2	D_3						
0	×	×	×	×	×	×	×	×	×	0	0	0	0	清零
1	1	1	×	×	a	b	c	d	↑	a	b	c	d	并行置入
1	0	1	×	1	×	×	×	×	↑	1	Q_0^n	Q_0^n	Q_0^n	1右移
1	0	1	×	0	×	×	×	×	↑	0	Q_1^n	Q_1^n	Q_2^n	0右移
1	1	0	1	×	×	×	×	×	↑	Q_1^n	Q_2^n	Q_3^n	1	1左移
1	1	0	0	×	×	×	×	×	↑	Q_1^n	Q_2^n	Q_3^n	0	0左移
1	0	0	×	×	×	×	×	×	↑	Q_{00}	Q_{10}	Q_{20}	Q_{30}	保持

注：a、b、c、d分别为并行数据输入端，D_0、D_1、D_2、D_3为稳定电平，Q_0^n、Q_1^n、Q_2^n、Q_3^n分别为最近的时钟跳变前Q_0、Q_1、Q_2、Q_3的电平；Q_{00}、Q_{10}、Q_{20}、Q_{30}分别为稳态输入条件建立之前Q_0、Q_1、Q_2、Q_3的电平。

4. 移位寄存器的应用

1）环形计数器

环形计数器的特点是环形计数器的计数模数M等于移位寄存器位数N，且工作状态是依次循环出1或0，如模数为4的环形计数器状态为0001—0010—0100—1000或1110—1101—1011—0111。设计该类计数器往往要求电路能自启动。

2）扭环计数器

扭环计数器又称为约翰逊计数器。约翰逊计数器有$2n$个有效状态，且相邻两状态间只有一位代码不同，因此扭环计数器的输出所驱动的组合网络不会产生功能竞争。某三位扭环计数器状态转换图如图3-6-3所示，可见其有六个有效状态和两个无效状态，这个电路不能自启动，附加反馈逻辑可使扭环计数器自启动。

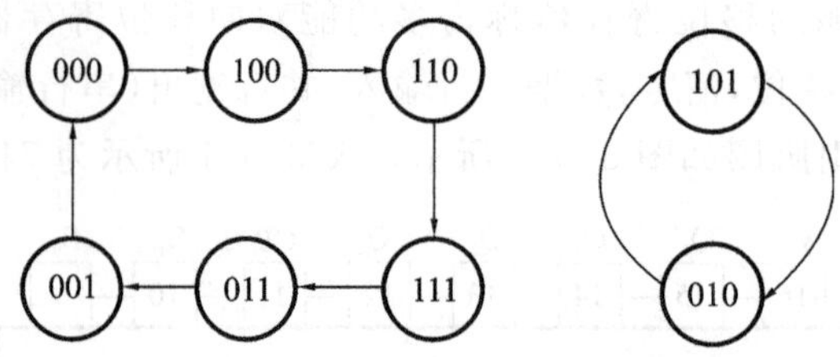

图 3-6-3 三位扭环计数器状态图

3)实现数据的串-并转换

在数字系统中,信息的传播通常是串行的,而处理和加工往往是并行的,因此经常要进行输入、输出的串、并转换。

三、实验设备与器件

(1)数字电路实验箱 1 套;

(2)74LS00、74LS194 等集成芯片,导线若干。

四、实验内容

1. 74LS194 逻辑功能测试

(1)将 74LS194 插入实验箱上的对应 16 脚空插座中,插入时应将集成块上的缺口对准插座缺口。

(2)将管脚 11 接手动脉冲,管脚 1、2、7、9、10 分别逻辑输入电平,自拟实验电路图。

(3)送数(并行输入)并接通电源,将 $\overline{R}_D$ 端置低电平,使寄存器清零,观察 $Q_0 \sim Q_3$ 状态,应为 0。清零后将 $\overline{R}_D$ 端置高电平。令 $S_0=1, S_1=1$,在 0000~1111 之间任选几个二进制数,由输入端 D_0、D_1、D_2、D_3 送入。在 CP 脉冲作用下,观察输出端 $Q_0 \sim Q_3$ 状态显示是否正确,将结果填入表 3-6-2 中。

表 3-6-2 74LS194 功能测试表 1

序号	输入				输出			
	D_0	D_1	D_2	D_3	Q_0	Q_1	Q_2	Q_3
1	0	0	0	0				
2	0	0	0	1				
3	1	0	1	0				
4	0	0	1	1				
5	1	1	0	0				
6	1	1	1	1				

(4)进行右移功能测试。将 Q_3 接 D_{IR},即将管脚 12 与管脚 2 连接,清零。令 $S_0=1, S_1=$

1，送数 $D_3D_2D_1D_0$＝0001，然后令 S_0＝1，S_1＝0，连续发出 4 个 CP 脉冲。观察输出端Q_0～Q_3状态显示是否正确，将结果填入表 3-6-3 中。

表 3-6-3　74LS194 功能测试表 2

输　入	输　出			
CP	Q_0	Q_1	Q_2	Q_3
0	1	0	0	0
1				
2				
3				
4				

(5)进行左移功能测试。将 Q_0 接 D_{IL}，即将管脚 15 与管脚 7 连接，清零 。令 S_0＝1，S_1＝1，送数 $D_3D_2D_1D_0$＝ 1000，然后 S_0＝0，S_1＝1，连续发出 4 个 CP 脉冲。观察输出端 Q_0～Q_3 状态显示是否正确，将结果填入表 3-6-4 中。

表 3-6-4　74LS194 功能测试表 3

输　入	输　出			
CP	Q_0	Q_1	Q_2	Q_3
0	0	0	0	1
1				
2				
3				
4				

(6)进行保持功能测试。清零后送入一个 4 位二进制数，例如为 $D_3D_2D_1D_0$＝ 0101，然后令 S_0＝0，S_1＝0，连接发出 4 个 CP 脉冲，观察输出端 Q_0～Q_3 状态显示是否正确，将结果填入表 3-6-5 中。

表 3-6-5　74LS194 功能测试表 4

输　入	输　出			
CP	Q_0	Q_1	Q_2	Q_3
0	1	0	1	0
1				
2				
3				
4				

2. 环形计数器

参照图 3-6-4 进行连线，先用并行送数法预置计数器为某二进制数码(如 0100)，然后进行右移循环，观察计数器输出端状态的变化，记入表 3-6-6 中。

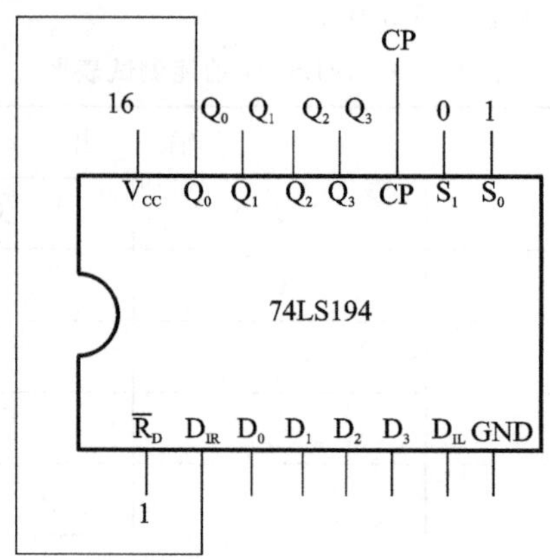

图 3-6-4 四位环形计数器

表 3-6-6 四位环形计数器输出端状态表

CP	Q_3	Q_2	Q_1	Q_0
0	0	1	0	0
1				
2				
3				
4				

由于这种类型计数器的各输出端输出脉冲在时间上有先后顺序，因此也可以作为顺序脉冲发生器。

五、实验注意事项

(1)切忌将芯片电源线引脚接错。

(2)触发器各输出端禁止接地，防止器件因过电流而烧坏。

(3)连接的插线应接触可靠，拆线时避免把导线折断。

(4)在断电状态下连线和拆线。

六、思考题

(1)移位寄存器有哪些移位方式？

(2)如何将移位寄存器转换成环形计数器？

第四部分

信号与系统实验

“信号与系统”课程系统性、理论性很强，教学应用较多，非常有必要进行信号与系统实验。通过信号与系统实验，可加深学生对信号与系统特性的直观了解，以便其理解信号通过系统传输后的变化过程和对课堂教学所介绍的信号的频谱、信号的谐波、信号的合成与分解、信号的采样与恢复、阶跃响应和冲激响应等内容有进一步理解，为从事本专业和相关专业的工作打好入门基础。

信号与系统实验适用的专业有电子信息科学与技术、光电信息科学与技术、电子信息工程技术、应用物理学以及机电与计算机相关专业。

信号与系统实验要求学生在掌握基本的实验测试手段、各种实验方法及必要的实验操作技能的基础上，通过对一系列电路的输入、输出信号和电路状态的观察、测试、分析，以及对有特定性能要求的电路或实验方案进行设计、研究，将理论上比较抽象的概念、原理具体化，进一步加深对理论知识的理解，培养和提高实验研究能力、分析计算能力、总结归纳能力和综合设计能力。

实验一 函数信号发生器

信号与系统虽然是两个不同的概念，但却联系紧密。系统的存在就是为了传输、处理、控制信号，如果没有信号，系统的存在也就变得毫无意义；反之，如果只有信号而没有系统，则信号的传输与处理、控制与利用、存储与再现等都不可能实现。函数信号发生器实验可以让学生了解常见函数信号的产生原理与信号特点，为后续理论知识与实验内容打下基础。

一、实验目的

(1)了解多功能单片集成电路函数信号发生器的功能及特点。

(2)熟悉信号与系统实验中信号产生的方法与常见函数信号的特征。

(3)学会利用计算机仿真软件 LabVIEW 设计虚拟函数信号发生器。

(4)了解函数信号发生器的使用方法。

二、实验原理

1. ICL8038 单片集成函数信号发生器基本原理

ICL8038 单片集成函数信号发生器是一个用最少的外部元件就能产生高精度正弦波、方波、三角波、锯齿波和脉冲波的单片集成电路。频率(或重复频率)的选定从0.001 Hz到300 kHz 可以选用电阻器或电容器来调节，调频及扫描可以由同一个外部电压完成。ICL8038 内部结构原理框图如图 4-1-1 所示。

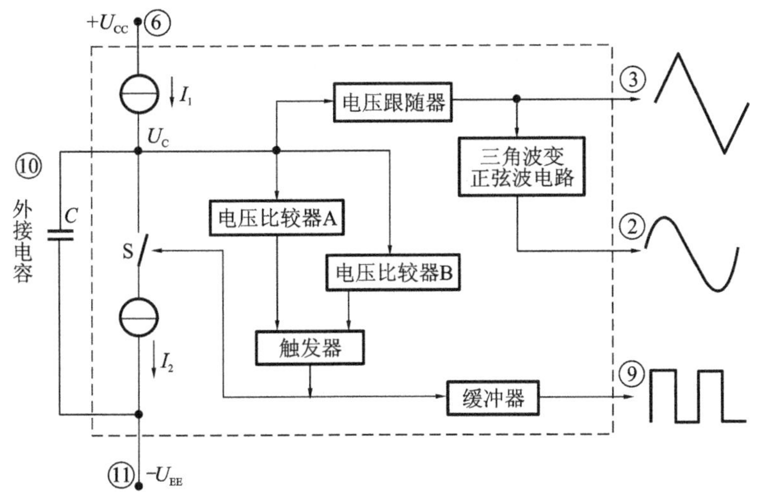

图 4-1-1 ICL8038 **单片集成函数信号发生器原理框图**

图 4-1-1 所示的 ICL8038 内部结构由恒流源 I_1 和 I_2、电压比较器 A 和 B、触发器、缓冲器和三角波变正弦波电路等组成。

外接电容 C 由两个恒流源充电和放电，电压比较器 A、B 的阈值分别为$\frac{2(U_{CC}+U_{EE})}{3}$和$\frac{U_{CC}+U_{EE}}{3}$。恒流源 I_1 和 I_2 的大小可通过外接电阻调节，但必须保证 $I_2>I_1$。其工作原理与过程如下。

(1)当触发器的输出为低电平时，恒流源 I_2 断开，恒流源 I_1 给 C 充电，电容 C 两端电压 U_C 随时间线性上升；当 U_C 达到$\frac{2(U_{CC}+U_{EE})}{3}$时，电压比较器 A 的输出电压发生跳变，使触发器输出由低电平变为高电平，恒流源 I_2 接通。由于 $I_2>I_1$(设 $I_2=2I_1$)，恒流源 I_2 将电流 $2I_1$ 加到 C 上使其反充电，相当于 C 由一个净电流 I_1 放电，C 两端的电压 U_C 又转为直线下降。

(2)当 U_C 下降到$\frac{U_{CC}+U_{EE}}{3}$时，电压比较器 B 的输出电压发生跳变，使触发器的输出由高电平跳变为原来的低电平，恒流源 I_2 断开，I_1 再给 C 充电，电容 C 两端电压 U_C 再继续随时间线性上升；当 U_C 达到$\frac{2(U_{CC}+U_{EE})}{3}$时，电压比较器 A 的输出电压发生跳变，使触发器输出由低电平变为高电平，恒流源 I_2 接通。

(3)如此周而复始，产生振荡。若调整电路，使 $I_2=2I_1$，则触发器输出为方波，经反相缓冲器由管脚 9 输出方波信号。C 上的电压 U_C 上升与下降时间相等时为三角波，经电压跟随器从管脚 3 输出三角波信号。将三角波变成正弦波是由一个非线性的变换网络(正弦波变换器)实现的，在这个非线性网络中，当三角波电位向两端顶点摆动时，网络提供的交流通路阻抗会减小，这样就使三角波变为平滑的正弦波，从管脚 2 输出。

ICL8038 管脚功能图如图 4-1-2 所示。

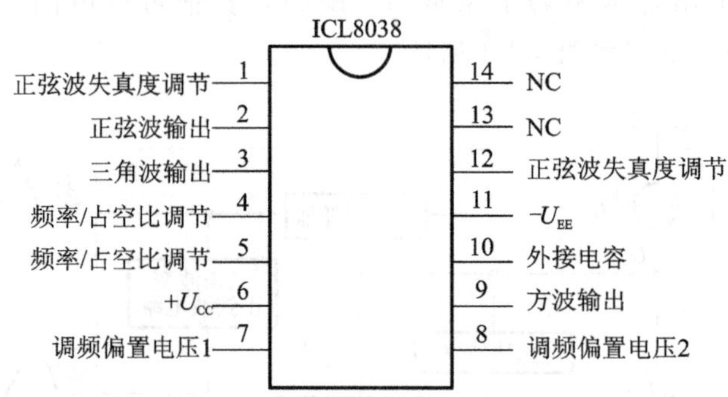

图 4-1-2　ICL8038 **管脚及管脚功能图**

ICL8038 单片集成函数信号发生器实验电路如图 4-1-3 所示，该电路具有如下一些特点：①温度发生变化时会产生低的频率漂移，最大不超过 250×10^{-6}/℃；②正弦波输出具有低于 1%的失真度；③三角波输出具有 0.1%高线性度；④具有 0.001 Hz～1 MHz 的频率输出范围，工作变化周期宽；⑤方波占空比在 2%～98%之间，可任意调节；⑥输出电平范围从 TTL 电平至 28 V；⑦具有正弦波、三角波、锯齿波和方波等多种函数信号输出；⑧易于使用，只需要很少的外部条件；⑨输出波形占空比、信号幅度、信号频率等参数可调。

由实验电路原理图可以看出，电位器 W301 对应的管脚是 ICL8038 的管脚"8"，调节 W301 可以对输出信号的频率进行连续调节；电位器 W302 对应的是 ICL8038 的管脚"4"与"5"，调节

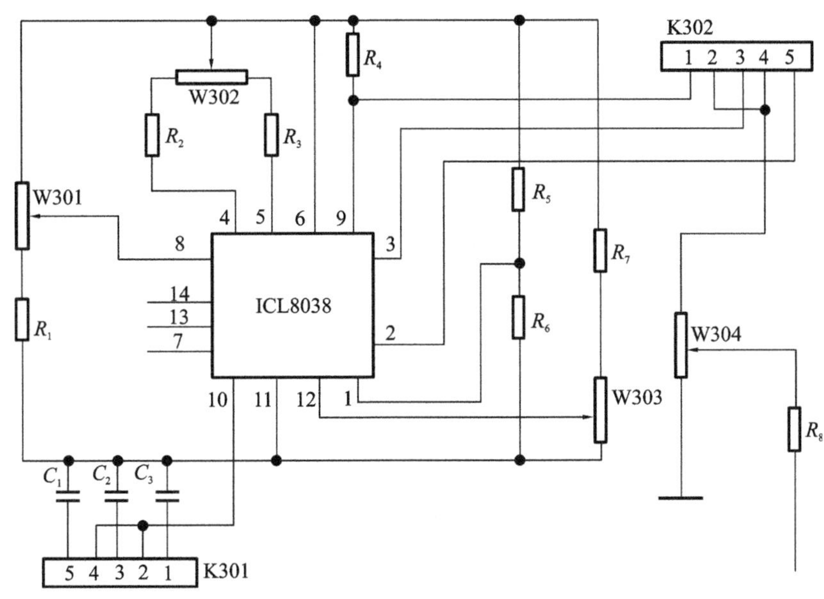

图 4-1-3　ICL8038 单片集成函数信号发生器实验电路

W302 可以调节输出方波信号的占空比；W303 对应的是 ICL8038 的管脚“12”，调节 W303 可以对输出正弦信号的失真度进行调节。电位器 W304 可以调节输出信号波形的幅值。

K301 是外接电容选择开关(频段选择开关)，连接不同的电容相当于选择不同的信号频段。连接 4 和 5 表示外接电容 C_1，为第一频段；连接 3 和 4 或者 2 和 3 表示外接电容 C_2，为第二频段；连接 1 和 2 则表示外接电容 C_3，为第三频段。

K302 连接 ICL8038 的“9”“3”“2”管脚，其是一个输出信号波形的选择开关。连接 1 和 2 输出为方波，连接 2 和 3 或者 3 和 4 则输出三角波，连接 4 和 5 则输出为正弦波。

2. MAX038 单片集成函数信号发生器基本原理

MAX038 应用非常广泛，可用于设计制作精密函数信号发生器、压控振荡器、频率调制器、脉宽调制器、锁相环、频率合成器以及 FSK 发生器(正弦波和方波)等。

MAX038 芯片管脚分布如图 4-1-4 所示。

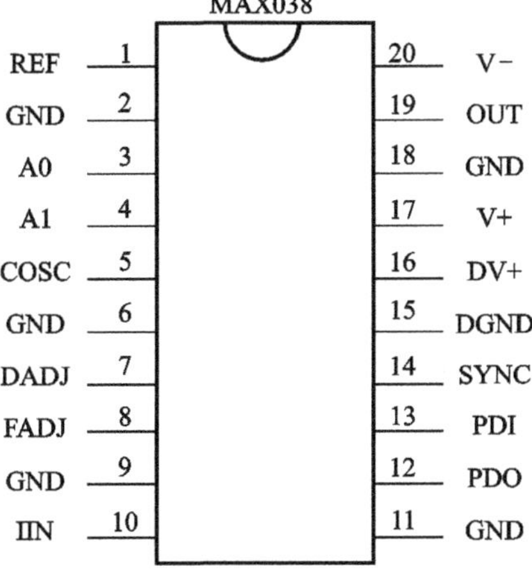

图 4-1-4　MAX038 芯片管脚分布

MAX038 芯片管脚功能如表 4-1-1 所示。

表 4-1-1　MAX038 芯片管脚功能

管　脚	管脚名称	管脚功能
1	REF	2.50 V 门限参考电压
2,6,9,11,18	GND	参考地
3	A0	波形选择输入端(TTL/CMOS 兼容)
4	A1	波形选择输入端(TTL/CMOS 兼容)
5	COSC	外接振荡电容器端口
7	DADJ	占空比调节端
8	FADJ	频率调节端
10	IIN	振荡频率控制器的电流输入端
12	PDO	相位比较器输出端(若不用则接地)
13	PDI	相位比较器输入端(若不用则接地)
14	SYNC	同步输出端(TTL/CMOS 兼容输出,允许内部和外部振荡器同步;若不用,应悬空)
15	DGND	数字接地端
16	DV+	数字电压,+5 V 电源端,若不用应悬空
17	V+	+5 V 电源输入端
19	OUT	正弦波、三角波、方波输出端
20	V−	−5 V 电源输入端

MAX038 芯片内部结构原理框图如图 4-1-5 所示,MAX038 是一种只需极少外围电路就能实现高频率、高精度输出三角波、锯齿波、正弦波、方波和脉冲波的精密高频函数发生器芯片。通过其内部提供的 2.5 V 基准电压及外接电阻和电容可以控制输出频率范围为 0.1 Hz～20 MHz 甚至更高。占空比可在较大的范围内由一个±2.3 V 的线性信号控制,便于进行脉冲宽度调制和产生锯齿波。频率调整和频率扫描可以用同样的方式实现。通过设置输入端 A0 和 A1 的电平,可用逻辑控制的方法来选择所需的输出波形。

MAX038 采用±5 V 双电源供电,电压允许变化范围为±5%。基本振荡器是一个由恒定的交流电向电容 C_F 充电和放电的张弛振荡器,可同时产生三角波和方波。充放电的电流是由流入电流输入端 IIN 的电流来控制的,并由加到 FADJ 和 DADJ 上的电压调制。流入 IIN 端的电流可由 2 μA 变化到 750 μA,对于任意 C_F 值可产生大于两个数量级(100 倍)的频率变化。在 FADJ 引脚上加±2.4 V 可改变±70%的标称频率(与 $U_{FADJ}=0$ V 时比较)。此方法可用于精确地控制频率。

输出信号频率与电容器 C_F 值呈反比,选择不同的 C_F 值可以产生高于 20 MHz 的频率。改变 COSC 引脚的外接电容 C_F 和流入引脚 IIN 的充放电电流的大小可控制信号的频率。

占空比(电路被接通的时间占整个电路工作周期的百分比)可由加到 DADJ 引脚上±2.3 V 之间的电压来控制,其变化从 10%变化到 90%。这个电压改变了 C_F 充、放电电流的比值,而维持频率近似不变。

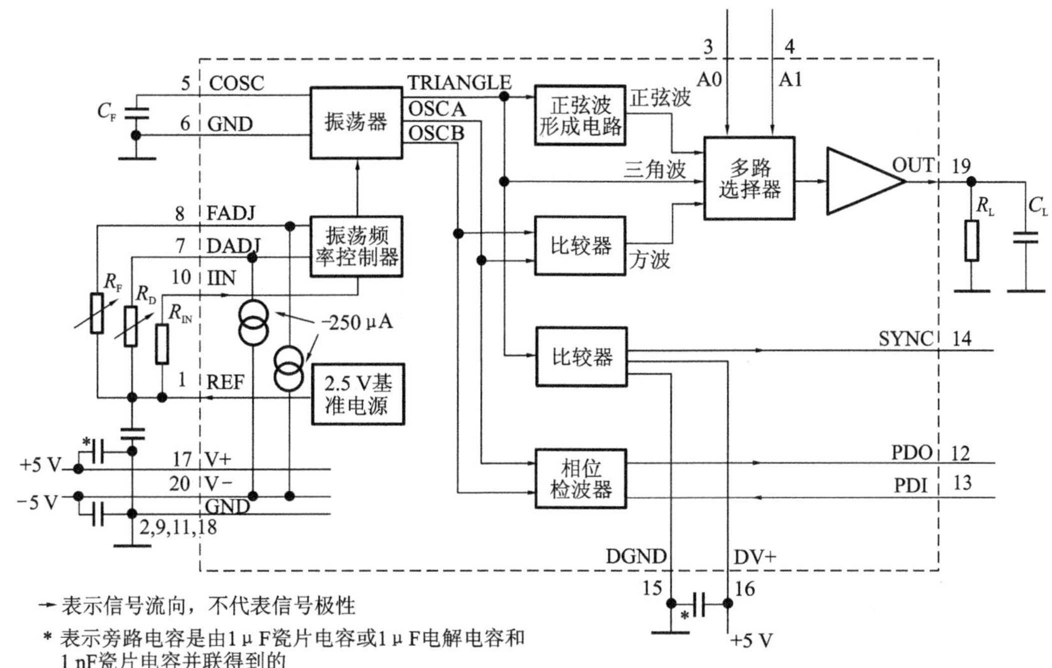

图 4-1-5　MAX038 芯片内部结构原理框图

REF 引脚的 2.5 V 基准电压可以用固定电阻简单地连接到引脚 IIN、FADJ 或 DADJ 上，也可用电位器将这些输入端接到 REF 端进行调整。FADJ 和 DADJ 接地可以产生具有 50%占空比的标称频率的信号。

一个正弦波形成电路把振荡器的三角波转变成等幅的低失真的正弦波。三角波、正弦波和方波输入一个多路器。两根地址线从这三路波形中选用一个。不管是什么波形或频率，输出放大器都产生一个等幅的峰-峰值为 $2U_{P\text{-}P}$(±1 V)的信号。

三角波被送到一个产生高速方波(SYNC)的比较器，它可以用来同步其他的振荡器。SYNC 电路具有单独的电源引线因而可以被禁止。

由基本振荡器产生的另两个 90°相移的方波送到一个“异或”相位检波器的一边。相位检波器的输入端(PDI)可接到一个外部的振荡器。相位检波器的输出端(PDO)是一个可以直接连接到 FADJ 输入端的电流源，用一个外部的振荡器来同步 MAX038。

3. 函数信号发生器实验过程原理框图

函数信号发生器实验过程原理框图如图 4-1-6 所示，函数信号发生器电路主要可产生方波、三角波、正弦波三种波形。三种输出波形是相互关联的，方波信号产生以后，在方波的前半周期充电，后半周期放电则形成三角波，三角波经过正弦波形成电路则转换成正弦波信号输出。因此当三角波的占空比为 50%时，才能保证充放电时间相等，保证形成标准的正弦波形。

输出波形的幅度与频率可由幅度调节与频率调节旋钮进行控制。一般实验电路都会设置幅度粗调与微调两个旋钮、频率粗调与微调两个旋钮，而频率调节一般是在更换外接电容以后再开始调节，外接电容用于选择频率段，每一个不同的外接电容对应不同的频段。对于占空比的调节，当占空比为 50%时可输出标准的三角波与正弦波，当占空比偏离 50%时，则输出为锯齿波，正弦波会失真，可根据此原理得到函数信号发生器的锯齿波输出。

波形选通开关是为了选择需要的波形输出，从波形选通开关输出的信号就是实验中需要测试的信号。可以利用频率计测量频率，可以用万用表、数字交流毫伏表或者数字示波器上幅度测量来测量信号幅度，用示波器测量波形。

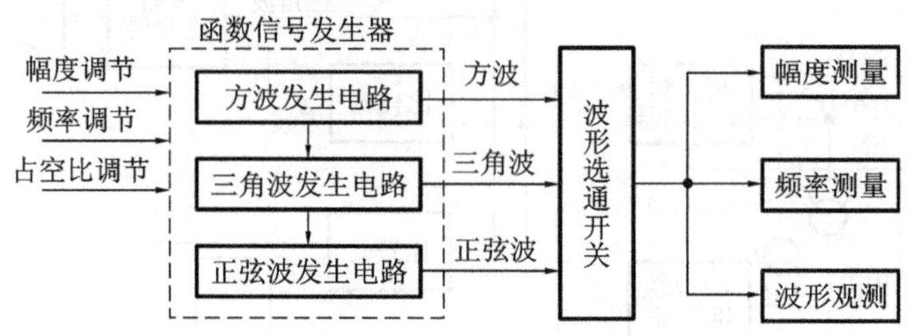

图 4-1-6　函数信号发生器实验过程原理框图

三、实验设备与器件

(1)函数信号发生器模块、频率计模块、数字交流毫伏表模块；

(2)20 M 以上双踪示波器一台；

(3)导线若干。

四、实验内容

对函数信号发生器进行调试，同时借助频率计模块、数字交流毫伏表模块以及双踪示波器等工具对函数信号发生器输出波形进行测量并记录。

1. 函数信号发生器实验的主要内容

(1)在熟悉函数信号发生器实验原理的基础上，正确地进行实验电路与测试电路的连接。

(2)熟悉实验电路上各观测点，以便进行波形参数的测试。

(3)在确认实验电路连接无误的情况下，打开电源，开始实验。

(4)在实验电路中找到占空比控制端口，将输出信号选择为方波信号，通过示波器辅助观测，将方波信号的占空比调至 50%。

(5)选择正弦波输出，通过示波器进行辅助观测，要求输出正弦波不失真，若出现失真，则进行失真度调节直至输出标准的正弦波为止。

(6)分别选择输出为正弦波、三角波、方波，并通过示波器与频率计进行辅助观测，对不同外接电容对应的波形、频率调节范围、幅度调节范围分别进行观测并记录变化规律，找出三者的共同规律。

(7)在原来实验过程的基础上，选择三角波输出，通过改变占空比得到锯齿波输出，接着改变外接电容的大小，并观测输出锯齿波信号的变化，观测并记录每改变一次电容，锯齿波的信号在不失真情况下的幅度调节范围以及频率调节范围，改变占空比，观察三角波的波形变化。

(8)对正弦波和方波输出进行与步骤(7)相同的实验测试与观测过程。

2.实验数据记录与处理

(1)选择函数信号发生器为方波输出,调节方波的占空比为50%,再选择波形输出为正弦波,并调节正弦波失真度直至正弦波不失真。在不改变外接电容的情况下观测并按表4-1-2记录观测数据。

表 4-1-2 占空比为50%且外接电容不改变时的信号波形

信号类别	方 波	三 角 波	正 弦 波
信号波形及频率			

(2)在占空比为50%以及正弦波信号不失真,信号幅度调节与频率调节不改变的情况下,只改变外接电容,观测各信号波形与频率变化并按表4-1-3记录。

表 4-1-3 占空比为50%且外接电容改变时的信号频率变化

外接电容	方波波形及频率	三角波波形及频率	正弦波波形及频率
C_1			
C_2			
C_3			

(3)在正弦波不失真的情况下,测量每个电容对应的三种波形的幅度调节范围与频率调节范围,按表4-1-4记录。

表 4-1-4 占空比为50%且外接电容改变时的幅度与频率范围

外接电容	方 波		三 角 波		正 弦 波	
	幅度范围	频率范围	幅度范围	频率范围	幅度范围	频率范围
C_1						
C_2						
C_3						

(4)在幅度调节与频率调节不改变、外接电容不改变的情况下,只改变占空比,观察各波形形状的变化规律,按表4-1-5记录波形变化。

表 4-1-5 外接电容不改变、改变占空比时输出波形变化

波形	占空比为20%	占空比为40%	占空比为60%	占空比为80%
方波波形				
三角波波形				
正弦波波形				

五、实验注意事项

(1)注意实验箱用电安全,在实验电路完全连接无误的情况下打开电源进行实验。

(2)实验过程中如果要更换连线，或者更换实验模块，必须先切断电源，模块更换好，线路重新连接好以后再打开电源进行实验。

(3)在使用示波器或其他测试仪器进行测试时，一定要注意其与实验模块或实验电路共地连接后方可开始测试。

(4)实验过程中必须按照实验指导老师或者仪器设备使用手册的要求规范操作实验仪器设备。

(5)实验过程要注意每个实验现象与实验细节，并做好详细的实验记录。

六、思考题

(1)实验电路中，方波、三角波、正弦波的波形产生原理是什么？

(2)锯齿波是怎么产生的？

(3)各波形的频率与外接电容的大小有什么关系？

(4)波形频率的调节与什么有关？

(5)正弦波为什么会失真？

(6)频率计在测量输出信号频率时为什么有的时候不能准确测量信号频率？

(7)在信号频率越来越高的时候，信号幅度会有所减小，原因是什么？

(8)方波信号的占空比是指什么？

实验二　零输入响应与零状态响应

在实际应用当中，我们都希望系统的响应按照输入信号的规律变化，希望系统受输入信号的控制，同时希望系统具有响应快、性能稳定等特性，研究零输入响应与零状态响应可以很好地帮助学生理解系统的响应特性。

一、实验目的

(1)通过实验加深对零输入响应与零状态响应的定义与基本理论知识的理解。

(2)掌握实际电路的零输入响应与零状态响应的变化规律，理解其本质的物理意义。

二、实验原理

1. 零输入响应与零状态响应的定义

任何系统的全响应都可以分解为零输入响应与零状态响应的和。

零输入响应是指外部激励信号为零只由系统初始储存的能量引起响应，一般系统的初始储能有限，因此系统的零输入响应存在时间比较短暂，很快就会衰减为零。

零状态响应是指在系统初始状态为零(系统没有初始储能)的情况下只由外部激励信号引起系统响应，零状态响应一般根据外加激励信号的变化而变化。

2. 典型电路分析

如图 4-2-1 所示为典型一阶 RC 低通滤波电路。

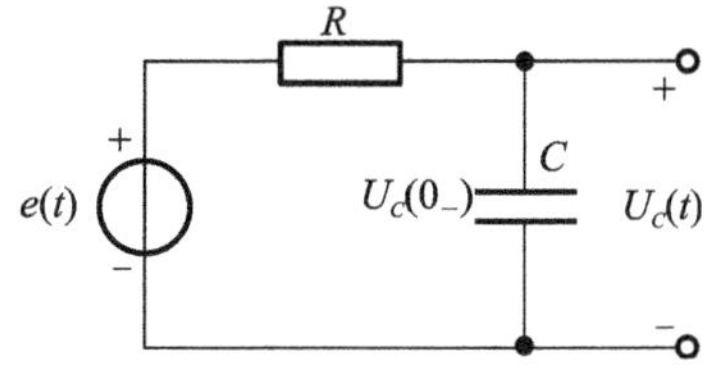

图 4-2-1　典型一阶 RC 低通滤波电路

其全响应为

$$U_C(t) = \mathrm{e}^{-\frac{1}{RC}} U_C(0_-) + \frac{1}{RC}\int_{0_-}^{t} \mathrm{e}^{-\frac{1}{RC}(t-\tau)} e(\tau)\mathrm{d}\tau$$

取输入信号为零，即 $e(t)=0$ 时，则公式右端只剩下第一项，其为零输入响应，即零输入响应 $y_{zi}(t)=\mathrm{e}^{-\frac{1}{RC}}U_C(0_-)$，可见零输入响应从 $t=0$ 时刻开始衰减，当 $t\to\infty$时衰减为零，通常此衰减为指数衰减，一般经过比较短的时间零输入响应就接近于零。

取 $U_C(0_-)=0$，即系统初始储能为零时，公式右端只剩下第二项，其为零状态响应，即 $y_{zs}(t) = \frac{1}{RC}\int_{0_-}^{t} \mathrm{e}^{-\frac{1}{RC}(t-\tau)} e(\tau)\mathrm{d}\tau$，此响应只与输入信号形式有关。

如图 4-2-2 所示为典型二阶 RLC 电路。

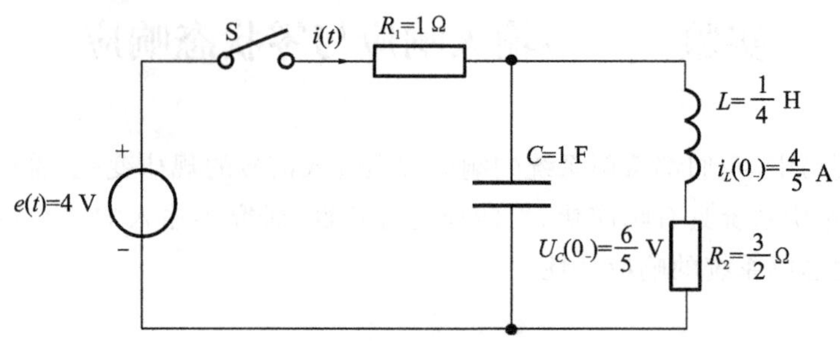

图 4-2-2　典型二阶 RLC 电路

当开关闭合前电路中的储能元件 L、C 已经具有初始能量，当开关闭合以后系统的零输入与零状态响应分别为

$$i_{zi}(t)=\left(-\frac{4}{3}e^{-2t}+\frac{2}{15}e^{-5t}\right)u(t)$$

$$i_{zs}(t)=\left(\frac{8}{3}e^{-2t}-\frac{4}{15}e^{-5t}+\frac{8}{5}\right)u(t)$$

可见零输入响应随时间很快衰减为零，相当于电路中两个储能元件初始储存能量的释放过程。零状态响应中除有直流响应以外，也具有指数响应，但因其衰减速度很快，最后的稳态响应部分仍为直流响应，与输入信号为直流相对应。

三、实验设备与器件

(1)函数信号发生器模块、频率计模块、一阶电路或二阶电路模块；

(2)20 M 以上双踪示波器一台。

四、实验内容

学生可利用元器件外加导线与电源自行搭建实验电路。采用大周期方波信号作为输入信号，可以很方便地观察电路系统的零输入响应与零状态响应。将方波信号与输出信号共地连接，则当输入信号为低电平的时候电路输出为零输入响应，输入信号为高电平的时候电路输出为零状态响应，但是，当零输入响应已经衰减为零时，输出才能理解为零状态响应。

对输入方波信号的波形与输出信号的波形进行对比记录，将响应波形画在图 4-2-3 上。

五、实验注意事项

(1)注意实验仪器设备的使用规范性与安全性。

(2)仔细观察实验现象，分析理论结果与实际实验结果是否相吻合。

六、思考题

(1)零输入响应与零状态响应各自的物理含义是什么？

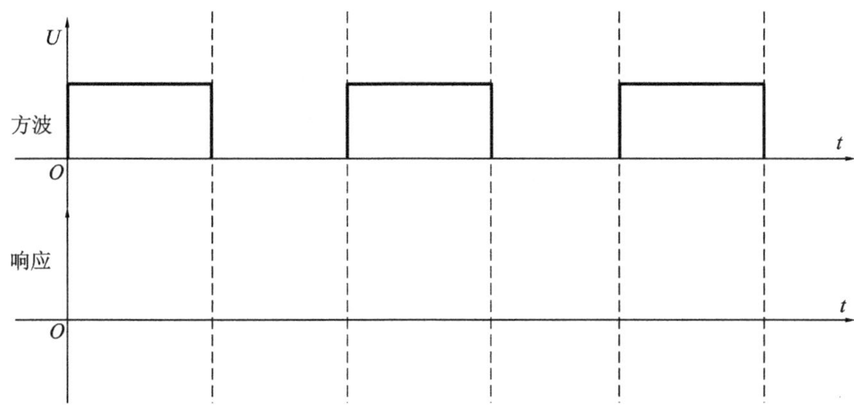

图 4-2-3 零输入与零状态响应记录坐标

(2)一般信号源中方波信号的低电平不一定为零电平,在实验中如何做才能使低电平时对应的输出正好是零输入响应?

(3)如果换用正弦信号、直流信号或其他信号作为输入信号,如何检测电路的零输入响应与零状态响应?

实验三　方波信号的分解与合成

任何电信号都是由各种不同频率、幅度和初相的正弦波叠加而成的。1822 年法国数学家傅里叶在研究热传导理论时提出并证明了将周期函数展开为正弦级数的原理。该原理奠定了傅里叶级数的理论基础，揭示了周期信号的本质，即任何周期信号（正弦信号除外）都可以看作由无数不同频率、不同幅度的正弦波信号叠加而成的，就像物质都是由分子或者原子构成的一样。周期信号的基本单元信号是正弦波信号。

一、实验目的

（1）对周期方波信号进行分解，验证周期信号可以展开成无穷级数的正弦波，了解周期方波信号的组成原理。

（2）测量各次谐波的频率与幅度，分析方波信号的频谱。

（3）观察基波与不同谐波合成时的变化规律。

（4）通过方波信号合成的实验，了解数字通信中利用窄带通信系统传输数字信号（方波信号）的原理。

二、实验原理

1. 一般周期信号的正弦傅里叶级数

按照傅里叶级数原理，任何周期信号在满足狄利克雷条件时都可以展开成如下所示的无穷级数

$$f(t)=\frac{a_0}{2}+\sum_{n=1}^{\infty}a_n\cos(n\omega t)+\sum_{n=1}^{\infty}b_n\sin(n\omega t)=\frac{a_0}{2}+\sum_{n=1}^{\infty}A_n\cos(n\omega t+\varphi_n)$$

式中，$A_n\cos(n\omega t+\varphi_n)$为周期信号的 n 次谐波分量。n 次谐波的频率为周期信号频率的 n 倍，每一次谐波的幅度随谐波次数的增加依次递减。当 $n=0$ 时，谐波分量为$\frac{a_0}{2}$（直流分量）；当 $n=1$ 时，谐波分量为 $A_1\cos(\omega t+\varphi_1)$（即一次谐波或基波分量）。

2. 一般周期信号的有限次谐波合成及其均方误差

由傅里叶级数的基本原理可知，周期信号的无穷级数展开中，各次谐波的频率按照基波信号的频率的整数倍依次递增，幅度值却随谐波次数的增加依次递减，趋近于零。因此，从信号能量分布的角度来看，周期信号的能量主要分布在频率较低的有限次谐波分量上。此原理在通信技术当中得到广泛应用，是通信技术的理论基础。

周期信号可以用有限次谐波的合成来近似表示，合成的谐波次数越多，近似程度越高，可以用均方误差来定义这种近似程度，设傅里叶级数前有限项（N 项）和为

$$S_N(t)=\frac{a_0}{2}+\sum_{n=1}^{N}[a_n\cos n\omega t+b_n\sin n\omega t]$$

用 $S_N(t)$ 近似表示 $f(t)$ 所引起的误差函数为 $\varepsilon_N(t)=f(t)-S_N(t)$

均方误差可以定义为　$$E_N=\overline{\varepsilon_N^2(t)}=\frac{1}{T}\int_0^T\varepsilon_N^2(t)\mathrm{d}t$$

通常，随着合成的谐波次数的增加，均方误差逐渐减小，可见合成波形与原波形之间的偏差越来越小。通常有限次谐波的合成波形如图 4-3-1 所示。

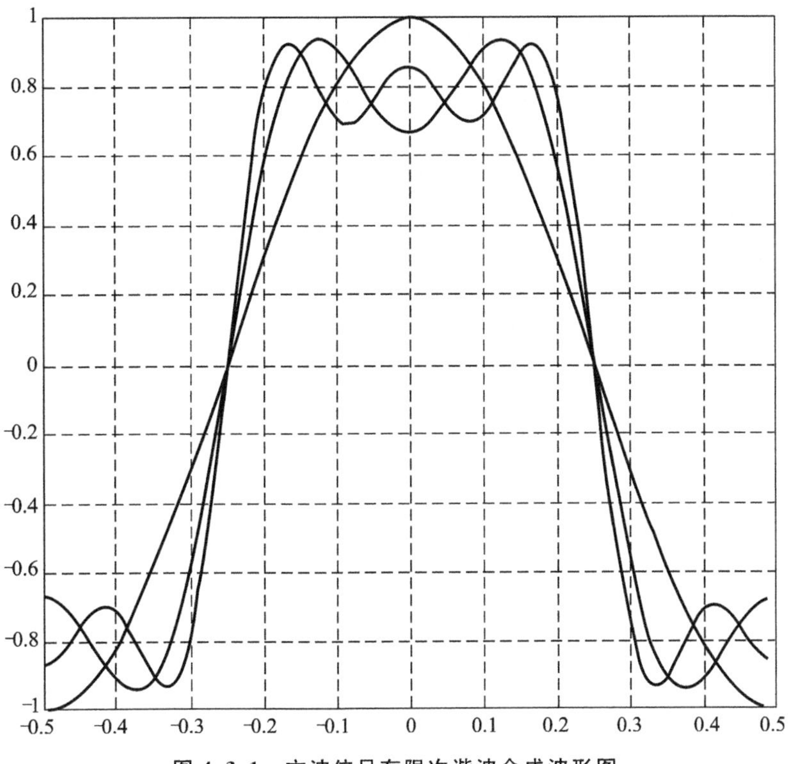

图 4-3-1　方波信号有限次谐波合成波形图

一个波峰时，表示合成谐波为一次谐波；两个波峰时，表示至少有两次谐波参与合成；三个波峰时，表示至少有三次谐波参与合成。

3. 周期方波信号的傅里叶正弦级数

某周期方波信号如图 4-3-2 所示。

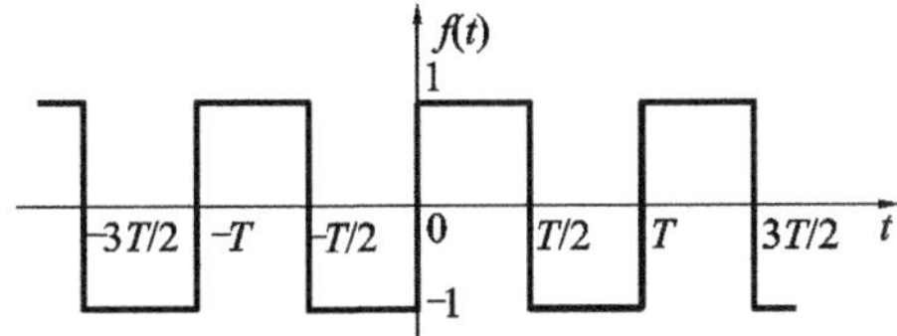

图 4-3-2　周期方波信号一

因为方波信号正好是奇谐对称信号。因此其傅里叶正弦级数为

$$f(t)=\frac{4}{\pi}\left[\sin\omega t+\frac{1}{3}\sin3\omega t+\cdots+\frac{1}{n}\sin n\omega t+\cdots\right],n=1,3,5,\cdots$$

某周期方波信号如图 4-3-3 所示。

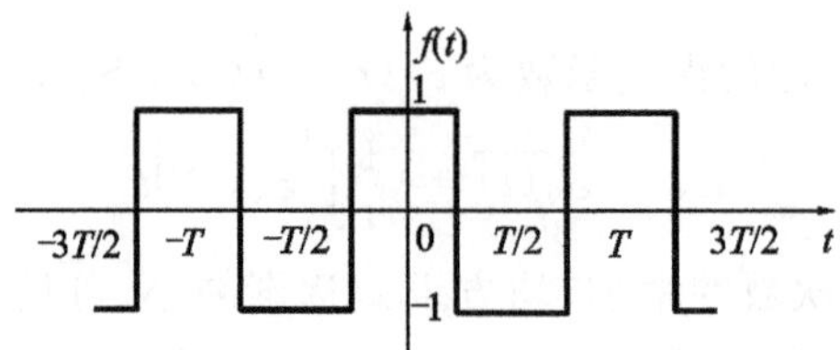

图 4-3-3 周期方波信号二

因为信号变为偶函数，但仍为奇谐对称信号。因此其傅里叶正弦级数为

$$f(t)=\frac{4}{\pi}\left[\cos\omega t-\frac{1}{3}\cos 3\omega t+\frac{1}{5}\cos 5\omega t-\frac{1}{7}\cos 7\omega t+(-1)^{\frac{n+1}{2}}\frac{1}{n}\cos n\omega t+\cdots\right],n=1,3,5\cdots$$

4. 周期方波信号的分解与合成实验原理

方波信号的分解与合成实验过程原理如图 4-3-4 所示。实验开始前，先打开函数信号发生器开关，同时利用示波器与频率计辅助观察，通过占空比调节将输出方波信号的占空比调节为 50%，同时将信号频率调节为 BPF1 的中心频率(实际一般为 50 Hz 或 100 Hz)，将幅度调节到合适大小(例如峰-峰值大小为 8 V、10 V 或者 12 V)。

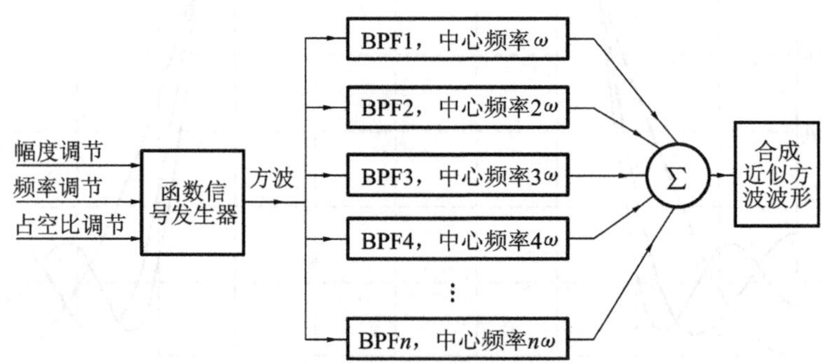

图 4-3-4 方波信号分解与合成实验过程原理框图

输出方波信号经过各带通滤波器滤波后即可得到各次谐波分量，通过示波器与频率计即可观察到。最后将各次谐波分量相加即可得到由有限次谐波分量合成的近似方波信号。

三、实验仪器

(1)函数信号发生器模块、频率计模块、方波信号分解模块(滤波器模块)以及方波信号合成模块(加法器模块)；

(2)20 M 以上双踪示波器一台。

四、实验内容

方波信号的分解与合成实验主要包含两部分内容。

(1)对已知方波信号进行分解，得到各次谐波分量，对各次谐波分量进行测量与观察，掌握其频率与幅度的变化规律，加深对傅里叶级数分解以及方波信号频谱规律的理解。对方波信号的分解过程须按照表 4-3-1 做好各波形及其特征参数记录。

表 4-3-1　分解前后各波形及其特征参数记录

波形	幅度/V	频率/Hz	波　形　图
方波信号			
1 次谐波			
2 次谐波			
3 次谐波			
4 次谐波			
5 次谐波			

(2)将傅里叶级数的基波与各次谐波进行合成，例如基波＋1 次谐波、基波＋1 次谐波＋2 次谐波、基波＋1 次谐波＋2 次谐波＋3 次谐波……观察基波与不同谐波合成时的变化规律，了解各次谐波近似合成方波信号的规律。对波形合成须按照表 4-3-2 做好各次不同谐波合成后波形的波形变化记录。

表 4-3-2　不同谐波合成后的波形的变化记录

谐波成分	峰-峰值/V	合成波形图
1 次谐波		
1、2 次谐波		
1、2、3 次谐波		
1、2、3、4 次谐波		
1、2、3、4、5 次谐波		

五、实验注意事项

(1)注意实验仪器设备的使用规范性与安全性。

(2)仔细观察实验现象，找出理论结果与实际实验结果的差异，并分析存在差异的原因。

(3)理论联系实际，弄清楚信号带宽与系统带宽的关系，探究数字通信系统中数字信号传输的本质。

六、思考题

(1)在方波信号的分解中用到了带通滤波器，带通滤波器的中心频率必须满足什么条件？为什么必须满足这些条件？

(2)分解过程中，根据傅里叶级数理论结论，偶次谐波是不存在的，可是利用示波器观察实验电路中的偶次谐波输出时却存在一个不为零的输出信号，为什么？

(3)如果换用三角波或其他周期信号重做该实验，结果会怎么样？

(4)在波形合成时，为什么有几次合成谐波的波形在一个周期内就会有几个波峰出现？

(5)波形合成时，为什么实际合成波形与理论上的合成波形会有较大的差异？

实验四　采样定理实验

与连续时间信号相比，离散时间信号的处理更加灵活、方便，应用更加广泛。在实际应用中，通常先将连续时间信号通过采样转换成离散时间信号，前提是采样过程必须满足采样定理。采样定理在连续时间信号与离散时间信号之间架起了一座桥梁，本实验有助于学生进一步理解与掌握采样定理。

一、实验目的

(1)通过实验验证采样定理，进一步加深对采样定理的理解与掌握。

(2)了解低频模拟信号的采样方法、采样过程及信号恢复的方法。

(3)理解模拟信号与离散数字信号之间的本质联系。

(4)初步了解数字通信与模拟通信之间的转换原理。

二、实验原理

1. 采样定理

一个频谱有限的模拟信号 $f(t)$，若其频谱范围为$(-\omega_m,\omega_m)$或$(-f_m,f_m)$，则该模拟信号可以用等间隔的采样值唯一地表示。而采样间隔 T_s 必须满足条件：$T_s\leqslant\frac{1}{2f_m}\left(T_s\leqslant\frac{\pi}{\omega_m}\right)$，$T_s=\frac{1}{2f_m}\left(T_s=\frac{\pi}{\omega_m}\right)$称为最大采样间隔或奈奎斯特采样间隔。这个条件也等价为 $f_s\geqslant 2f_m\left(f_s\geqslant\frac{\omega_m}{\pi}\right)$，$f_s=2f_m\left(f_s=\frac{\omega_m}{\pi}\right)$称为最低采样频率或奈奎斯特采样速率(频率)。

2. 信号采样与恢复的基本过程

信号的采样与恢复过程如图 4-4-1 所示。采样过程相当于模拟信号 $f(t)$与采样脉冲信号 $s(t)$相乘，所得的采样信号为 $f_s(t)$。当采样间隔满足采样定理的限制条件时，采样信号应该包含 $f(t)$的全部信息，因此可以从 $f_s(t)$中恢复或者还原原始信号 $f(t)$，恢复过程即通过低通滤波器从 $f_s(t)$中滤波得到 $f(t)$的过程。

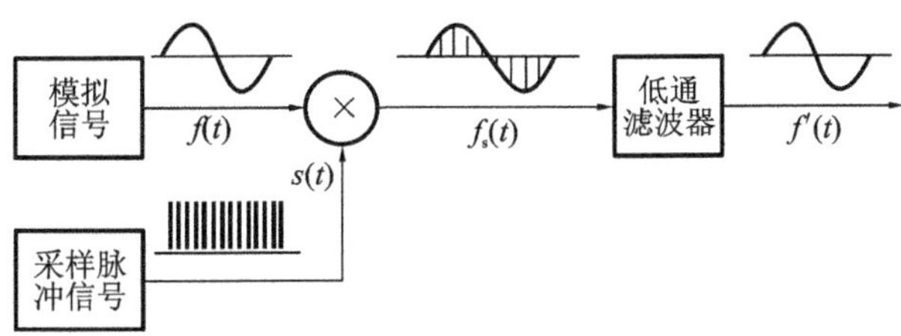

图 4-4-1　信号采样与恢复过程原理框图

3.信号采样与恢复的时域与频域联合分析

离散时间信号可以从离散信号源获得，也可以从连续时间信号采样而得。采样信号 $f_s(t)$ 可以看成连续(模拟)信号 $f(t)$ 和一组开关函数(采样脉冲信号) $s(t)$ 的乘积。$s(t)$ 是一组周期性窄脉冲，如图 4-4-2 所示为理想冲激函数对连续信号 $f(t)$ 的采样过程，T_s 称为采样周期，其倒数 $f_s=\frac{1}{T_s}$ 称采样频率。

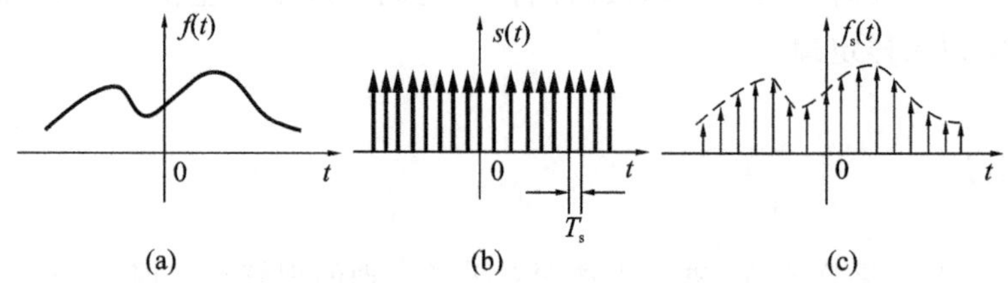

图 4-4-2 理想冲激函数对连续信号 $f(t)$ 的时域采样过程

(a)原始信号；(b)理想冲激函数；(c) 采样信号

在理想冲激函数采样过程中，信号频谱的变化如图 4-4-3 所示。其中图 4-4-3(a)所示为原始连续信号 $f(t)$ 的频谱，图 4-4-3(b)所示为当采样频率($f_s \geqslant 2f_m$)满足采样定理要求时的采样信号 $f_s(t)$ 的频谱，图 4-4-3(c)所示为采样频率($f_s < 2f_m$)不满足采样定理要求时的采样信号 $f_s(t)$ 的频谱。

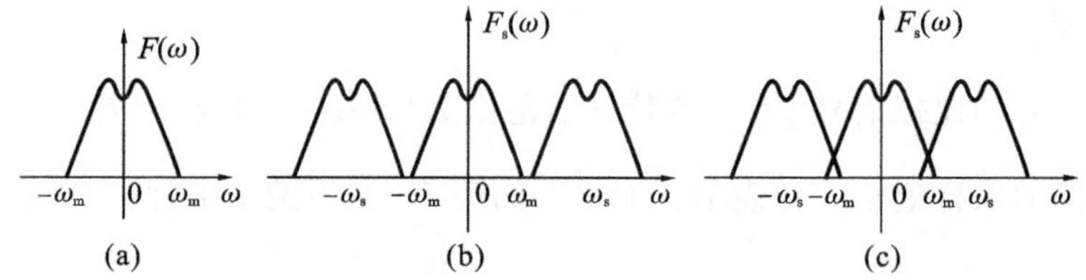

图 4-4-3 理想冲激采样过程中频谱变化

测得了足够的实验数据以后，在坐标纸上把一系列数据点连起来，可得到一条光滑的曲线，同样，采样信号在一定条件下也可以恢复为原信号。

由图 4-4-3(b)可以清楚地看到，当满足采样定理时，采样信号的频谱中包含原始信号 $f(t)$ 的完整频谱，即包含 $f(t)$ 的全部信息。从 $f_s(t)$ 的频谱中通过低通滤波器滤出原点处的频谱即为 $f(t)$ 频谱，从而恢复原始信号 $f(t)$，但前提是采样频率必须满足采样定理的要求。

在图 4-4-3(c)中，当采样频率不满足要求时，$f_s(t)$ 的频谱之间产生了重叠，无论采用什么办法都不可能从中获取 $f(t)$ 的频谱，恢复原始信号 $f(t)$。

在实际实验过程中，理想的冲激函数在实验室是不可获取的，一般用周期性矩形脉冲序列来代替冲激函数进行实验，过程如图 4-4-4 所示。

图 4-4-4(c)所示为满足采样定理要求时 $f_s(t)$ 的信号与频谱。可见，采样信号的频谱包括了原始信号以及无限个经过平移的原始信号的频谱。平移的频率等于采样频率 f_s 及其谐波频率 $2f_s$、$3f_s$…。当采样信号是周期性窄脉冲时，平移后的频谱幅度按 $\sin x/x$ 规律衰减。采样信号的频谱是原始信号频谱周期的延拓，它占有的频带比原始信号频带宽得多。但在采样信号频谱原点处的频谱正好是原始信号频谱，因此采样信号 $f_s(t)$ 中仍然包含了原始信号 $f(t)$ 的所有信息，仍然可以通过低通滤波器滤波恢复原始信号 $f(t)$。

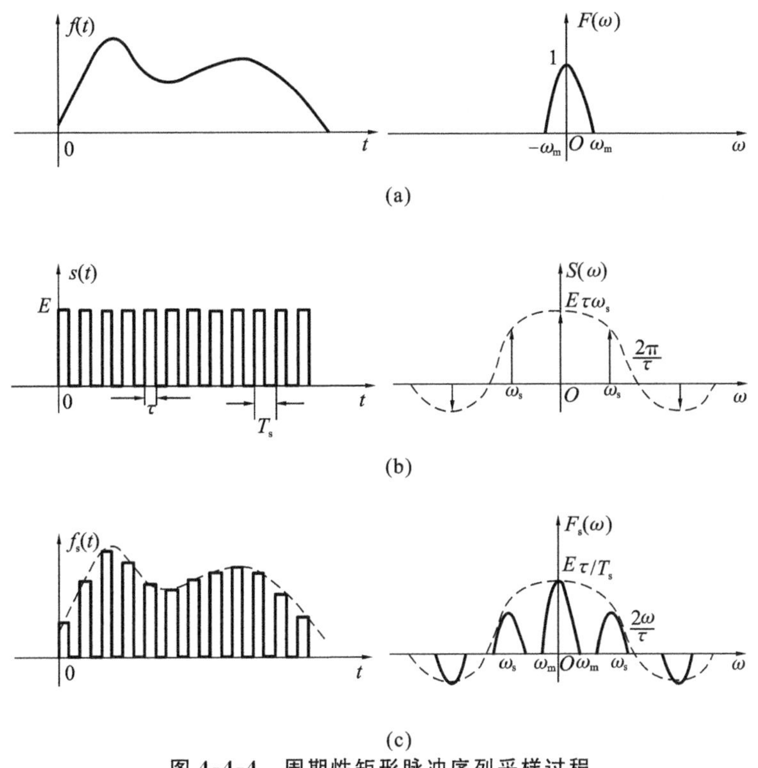

图 4-4-4　周期性矩形脉冲序列采样过程

(a) $f(t)$ 信号与频谱；(b) $s(t)$ 信号与频谱；(c) $f_s(t)$ 信号与频谱

三、实验设备与器件

(1)函数信号发生器模块、采样脉冲信号源模块、采样定理实验模块；

(2)连接线若干；

(3)20 M 以上双踪示波器一台。

四、实验内容

(1)可利用函数信号发生器、示波器等测试设备，自行搭建乘法器电路进行实验。按指导老师要求，正确摆放实验仪器，正确连接实验线路。

(2)连好实验线路后，调节信号源，使之输出一个选定频率(例如 50 Hz)的正弦信号，再调节采样定理实验模块使其输出矩形脉冲信号。

(3)将信号源输出的正弦信号接入采样定理实验模块，打开各模块电源，用示波器监测各测试点输出波形，仔细观察实验过程。需要测试的波形包括：正弦输入信号、矩形脉冲序列、采样信号以及滤波恢复信号。

(4)研究不同采样频率(矩形脉冲序列的频率)对应的采样信号与滤波恢复信号的变化。将不同采样频率时的原始信号、采样信号以及滤波恢复信号详细记录在图 4-4-5 中。

(5)研究不同占空比(矩形脉冲序列的占空比)对应的采样信号与滤波恢复信号的变化。固定采样频率(例如取 $4f_m$)，对不同占空比的采样脉冲进行实验。将原始信号、采样信号以

图 4-4-5　不同采样频率时采样与恢复过程各观测点波形记录

及滤波恢复信号详细记录在图 4-4-6 中。

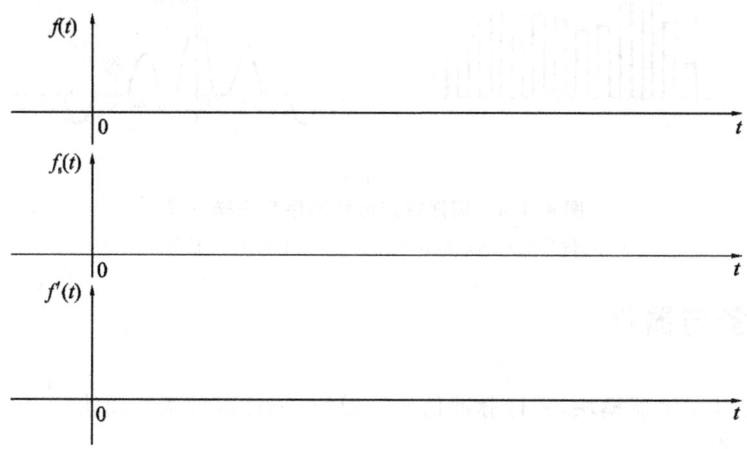

图 4-4-6　不同占空比时采样与恢复过程各观测点波形记录

在记录波形时，应尽量把不同采样频率的采样与恢复信号都记录出来，方便后面进行实验分析与总结。

五、实验注意事项

(1)注意连接电路时的安全问题，一定要按照指导老师的要求进行规范操作。

(2)按照实验要求调节采样信号频率与占空比，同时注意观察并详细记录各测试点波形变化。

(3)理论联系实际，通过实验现象分析采样定理的理论本质。

六、思考题

(1)阐述采样定理基本原理，什么是奈奎斯特采样间隔与奈奎斯特采样频率？

(2)采用正弦波作为输入信号,当采样频率低于 $2f_{m}$ 时也能通过低通滤波器得到正弦波的恢复信号,为什么?

(3)为什么采样定理中规定被采样信号必须为频带有限信号?如果换用三角波或其他周期信号重做该实验,结果会怎么样?

(4)当改变周期采样脉冲序列的占空比时,滤波输出的恢复信号会怎么变化?为什么会如此变化?

(5)为什么必须采用低通滤波器进行滤波恢复?采样定理实验与滤波器的选择有什么关系?滤波器需要满足什么条件?

参考文献

[1] 费业泰.误差理论与数据处理[M].7版.北京:机械工业出版社,2015.

[2] 张永瑞.电子测量技术基础[M].2版.西安:西安电子科技大学出版社,2009.

[3] 陆绮荣.电子测量技术[M].2版.北京:电子工业出版社,2007.

[4] 张大彪.电子测量技术与仪器[M].北京:电子工业出版社,2010.

[5] 宋悦孝.电子测量与仪器[M].2版.北京:电子工业出版社,2009.

[6] 郎朗.电路与电子技术实验教程[M].合肥:合肥工业大学出版社,2012.

[7] 姚缨英.电路实验教程[M].2版.北京:高等教育出版社,2011.

[8] 钟建伟.电路实验(电气信息类)[M].北京:中国电力出版社,2009.

[9] 孙淑艳,赵东.模拟电子技术实验指导书[M].北京:中国电力出版社,2009.

[10] 李保平.电子技术实验指导书(模拟部分)[M].北京:中国电力出版社,2009.

[11] 任国燕.模拟电子技术实验指导书[M].北京:中国水利水电出版社,2008.

[12] 唐颖,李大军,李明明.电路与模拟电子技术实验指导书[M].北京:北京大学出版社,2012.

[13] 陈相.模拟电子技术实验指导书[M].广州:华南理工大学出版社,1992.

[14] 李正发.电工电子技术基础实验[M].北京:科学出版社,2004.

[15] 张博霞.电子技术基础实验指导[M].北京:北京邮电大学出版社,2011.

[16] 于军.数字电子技术实验[M].北京:中国电力出版社,2010.

[17] 徐莹隽,常春,曹志香,等.数字逻辑电路设计实践[M].北京:高等教育出版社,2008.

[18] 郑君里,应启珩,杨为理.信号与系统(上、下册)[M].北京:高等教育出版社,2001.

[19] 王怀兴,黄晓明.基础电子技术实验教程[M].北京:机械工业出版社,2014.

[20] 徐国华.模拟及数字电子技术实验教程[M].北京:北京航空航天大学出版社,2004.